ATLAS OF THE MAMMALS IN FUJIAN PROVINCE

福建省哺乳纲图鉴

福建省林业局 主编

海峡出版发行集团 THE STRAITS PUBLISHING & DISTRIBUTING GROUP | 福建科学技术出版社 FUJIAN SCIENCE & TECHNOLOGY PUBLISHING HOUSE

图书在版编目（CIP）数据

福建省哺乳纲图鉴 / 福建省林业局主编. —福州：福建科学技术出版社，2022.12

ISBN 978-7-5335-6922-8

Ⅰ. ①福… Ⅱ. ①福… Ⅲ. ①哺乳动物纲 - 福建 - 图集 Ⅳ. ①Q959.808-64

中国国家版本馆CIP数据核字（2023）第013265号

书　　名	**福建省哺乳纲图鉴**
主　　编	福建省林业局
出版发行	福建科学技术出版社
社　　址	福州市东水路76号（邮编350001）
网　　址	www.fjstp.com
经　　销	福建新华发行（集团）有限责任公司
印　　刷	福州报业鸿升印刷有限责任公司
开　　本	889毫米×1194毫米　1/16
印　　张	9.75
字　　数	252千字
版　　次	2022年12月第1版
印　　次	2022年12月第1次印刷
书　　号	ISBN 978-7-5335-6922-8
定　　价	230.00元

书中如有印装质量问题，可直接向本社调换

《福建省哺乳纲图鉴》编委会

主 编 单 位：	福建省林业局			
主　　　编：	王智桢			
副 主 编：	王宜美			
执 行 主 编：	刘伯锋	王战宁		
执行副主编：	张　勇	郭　宁	张冲宇	
编 写 人 员：	郑丁团	张丽烟	王先艳	黄雅琼
	胡湘萍	赖文胜	李丽婷	胡明芳
	陈　炜	施明乐	廖小军	林葳菲
	余　海	游剑滢	李　莉	

摄　　　影：	丁宏伟	王乃珠	王先艳	王　勇
	王海宁	王　璜	王臻祺	冯抗抗
	刘全生	刘伯锋	刘　森	李玉春
	李　晟	李晓航	李　斌	肖诗白
	吴　毅	何　锴	余文华	张礼标
	张　勇	张培君	欧阳德才	周自力
	周佳俊	赵文超	徐自坤	黄志文
	黄　海	黄雅琼	黄耀华	蒋志刚
	曾千慧	（按姓氏笔画排序）		

绘　　　图：	陈　磊
部 分 供 图：	华东自然 视觉中国
设 计 单 位：	海峡农业杂志社

目录

东北刺猬

Erinaceus amurensis

劳亚食虫目 猬科

形态特征： 体长21.5—27.5cm，体重360—750g，尾长2.0—2.6cm。体色两种，一种纯白色，另一种基部和次端部白色或浅棕色，中间和棘尖棕色或深棕色。体背及体侧被以粗而硬的棘刺，头顶棘刺或多或少分为两簇，在头顶中央形成一狭窄的裸露区域。身体余部除吻端和四肢足垫裸露外，均被细而硬的毛，头宽，吻尖，眼小，耳短且不超过周围棘长。

生活习性： 昼伏夜出，常栖息在灌丛、草丛、荒地、森林等多种环境中。杂食性，主要以昆虫等小动物为食，也吃野果、树叶、草根等。

华南缺齿鼹(yǎn)

Mogera latouchei

劳亚食虫目 鼹科

形态特征：体长8.0—13.1cm，体重25—83g，尾长0.9—2.2cm。缺下犬齿，眼、耳均退化。尾略长于后足，并被稀疏的长毛。足背、吻鼻的稀毛甚短。躯体其余部分的毛被柔软、细密，呈天鹅绒状。体背茶褐色或棕褐色。下体比体背多灰黑色，颏、喉和胸灰色较多。

生活习性：地下穴居，多在土壤疏松、潮湿、多昆虫处出没。昼夜均活动，晨昏频繁。穴道接近地表，常交织成网。主要以昆虫、蚯蚓、蜘蛛等小动物为食。

利安德水麝鼩(qú)

Chimarrogale leander

劳亚食虫目 鼩鼱科

形态特征：体长约9cm，尾长约6.5cm。全身毛发短密细腻，在身体两侧和臀部有长的白色芒毛。吻长且尖细，无外耳壳，体毛绒密且防水。足发达，趾两侧及足侧具扁而硬的刚毛、若蹼状。

生活习性：典型的水陆两栖兽类，常栖息在山间溪流及其附近地区，巢筑于水中或水边石隙内。善潜水，行动敏捷。肉食性，主要以小鱼、小虾、蟹、蝌蚪和水生昆虫为食。

臭鼩

qú

Suncus murinus

劳亚食虫目 鼩鼱科

形态特征：体长10—14cm，尾长6.5—7.8cm。体毛短细而柔软，背褐灰色，腹毛较淡，毛尖带褐色并有银褐色光泽。鼻吻尖长，眼小，耳正常，耳壳大而圆，露出毛被。尾粗短，末端尖细呈长锥形。

生活习性：常栖息在平原田野、沼泽地的草丛、灌木和竹林，喜温暖潮湿的环境。夜行性，单独生活，视觉差，善跳跃，叫声尖锐，体侧的臭腺能分泌奇臭的分泌物，受惊时放出自卫。主要以昆虫、蚯蚓和果实为食。

灰麝鼩

qú

Crocidura attenuata

劳亚食虫目 鼩鼱科

形态特征：体长6.5—8.0cm，尾长大于5cm。吻尖，须短。四肢各具5趾，趾端生锐爪。背毛深灰色，毛尖略呈白色。腹毛淡灰色。四肢足背覆以白色短毛。尾毛稀疏呈灰色。

生活习性：常栖息在山地森林，多在岩石、树丛、灌木丛、草丛中活动，在溪水边、耕地旁或荒草地中也能见到。夜间活动，不冬眠，善游泳，穴居。主要以蚯蚓、昆虫为食。

白尾梢麝鼩(qú)

Crocidura dracula

劳亚食虫目 鼩鼱科

形态特征： 体长8.4—10.5cm，体重14—20g。体背深褐灰色，微染棕色。腹面暗灰并染有淡黄色，足背灰白色。尾上暗褐色，尾下略淡，尾梢常带有灰白色毛束。

生活习性： 常栖息在山地森林，多在岩石、灌木丛、溪水边和耕地旁活动。主要以昆虫为食，也吃一些植物。

台湾灰麝鼩(qú)

Crocidura tanakae

劳亚食虫目 鼩鼱科

形态特征：体长6—9cm，体重9—20g。体背灰褐色，中脊微染棕色。腹面略淡，毛基全为深灰色。背腹色界线不显。足背覆白色短毛。尾粗壮两色，尾上同背色，尾下淡白色。

生活习性：常栖息在林缘、灌丛、农耕地、土坎、坟地或阴暗的石缝中。善游泳，夜间活动。主要以昆虫为食，也吃种子。

棕果蝠

Rousettus leschenaultii

翼手目 狐蝠科

形态特征：体长9—13cm，体重80—120g，前臂长7.2—8.7cm。体躯粗壮，面形似犬，耳椭圆形，无耳屏。头顶和体背的毛为棕褐色，体侧面和腹面的毛为灰褐色，臀部暗褐色。

生活习性：常栖息在大石灰岩山洞中，有时也栖息于高大树木上。常集群生活，白天悬挂于洞顶，夜间外出觅食。主要以野果为食。

犬蝠

Cynopterus sphinx

翼手目 狐蝠科

形态特征：体长9.5—10.3cm，体重40—53g，前臂长6.8—7.2cm。吻部较短，鼻孔如管状突出。上唇中央有纵沟，耳缘具白边。耳略大，壳薄，无耳屏，耳下部微呈管状。背部毛较长，通体棕褐色，腹面毛色较浅。

生活习性：常栖息在芭蕉、棕榈等的叶丛荫蔽处。常集群生活，相互倒悬，结成球形或连成串。主要以无花果、番石榴、香蕉、芒果、龙眼、荔枝等为食。

印度假吸血蝠

Megaderma lyra

翼手目 假吸血蝠科

形态特征：体长8.9—9.5cm，体重50—70g，前臂长6.4—7.2cm。耳特大，卵圆形，双耳内缘在额部上相连接，具双叉形耳屏，吻鼻部具突出的皮肤衍生物。面部淡灰色，体背自颈至尾为鼠灰褐色。腹面毛基深灰色而毛尖为污白色。

生活习性：常栖息在阔叶林带的山洞中。常集群生活，白天隐蔽于洞中，傍晚外出活动。主要以昆虫为食。

中菊头蝠

Rhinolophus affinis

翼手目 菊头蝠科

形态特征：体长4.5—6.0cm，体重12.5—20.0g，前臂长4.7—5.4cm。鼻叶复杂似菊花状，鞍状叶相对较小，两侧缘中部稍微内凹，连接叶较低而圆，马蹄叶相对较小而未能把吻部完全覆盖，顶叶直角三角形而较长。背色深暗褐色，腹部肉桂色。

生活习性：常栖息在潮湿的山洞和废矿井的坑道。常单只或成群地倒挂于岩洞侧壁上，白天在洞内休息，晚上出洞取食。主要以蚊类、蛾类等昆虫为食。

马铁菊头蝠

Rhinolophus ferrumequinum

翼手目 菊头蝠科

形态特征：体长6.4—7.0cm，体重18.1—21.3g，前臂长5.8—6.0cm。吻鼻部具鼻叶，耳大而略宽阔，耳端部削尖，不具耳屏。全身被有细密柔软的毛。背毛淡棕褐色，毛基色淡，呈浅棕灰色，毛尖呈棕色。腹毛均为灰棕色。翼膜和骨间膜为黑褐色。

生活习性：常栖息在天然溶洞、高层建筑的缝隙中。常集群生活，多单独悬挂于石壁上，白天在石缝或墙缝间睡眠，黄昏出来捕食。主要以鞘翅目及鳞翅目昆虫为食。

短翼菊头蝠

Rhinolophus lepidus

翼手目 菊头蝠科

形态特征： 体长4.2—5.1cm，体重约6.2g，前臂长4.3—4.4cm。有结构比较复杂的马蹄形鼻叶，头顶的鼻叶未完全盖住鼻孔，马蹄形鼻叶中间具一缺刻，每侧各具一小形齿状附叶。耳朵较大，无耳屏。体毛细长柔软而卷曲，毛色棕黄色。

生活习性： 常栖息在岩洞中。常集群生活，多与其他蝠类共居，倒挂着休息，靠回声定位。主要以蚊、鳞翅目昆虫为食。

大菊头蝠

Rhinolophus luctus

翼手目 菊头蝠科

形态特征：体长7.5—9.0cm，体重30—34g，前臂长6.7—6.9cm。马蹄形鼻叶发达，覆盖鼻吻部，两侧不具小附叶。鼻孔内外缘突起，并衍生成杯状的鼻间叶，鞍状叶基部向两侧扩展成翼状，使鞍状叶呈三叶形。体毛细长柔软而卷曲，毛棕褐色或烟灰褐色，毛尖隐约有灰白色，形同霜。

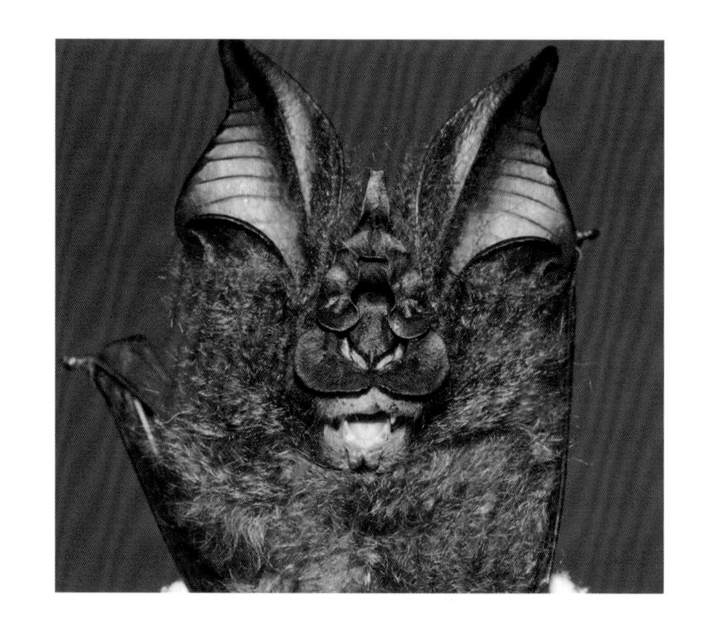

生活习性：常栖息在岩洞、废弃矿洞中。常集群生活，多与其他蝠类共居，悬挂在洞顶壁上，靠回声定位。若不受惊扰，很少迁洞。主要以昆虫为食。

大耳菊头蝠

Rhinolophus macrotis

翼手目 菊头蝠科

形态特征：体长3.7—4.8cm，体重4—8g，前臂长4.1—4.5cm，耳长2.3—2.7cm。体型较小，耳特大。鼻叶之马蹄叶宽大，中间具明显缺刻，前面两侧均具一小附叶。毛暗灰色或灰褐色，基部灰白色，腹毛毛色浅淡。

生活习性：常栖息在山洞中。多与其他蝠类共居，一般停留在洞边缘或近洞口岩石顶壁上，靠回声定位。主要以夜行性飞行生活的昆虫为食。

皮氏菊头蝠

Rhinolophus pearsoni

翼手目 菊头蝠科

形态特征： 体长4.7—6.0cm，体重15—21g，前臂长5.1—5.5cm。马蹄形鼻叶宽大，覆盖上唇，两侧小附叶退化，鞍状叶前部窄、后部宽，但两部各自平行。体毛长而柔软，呈棕褐色或暗褐色。

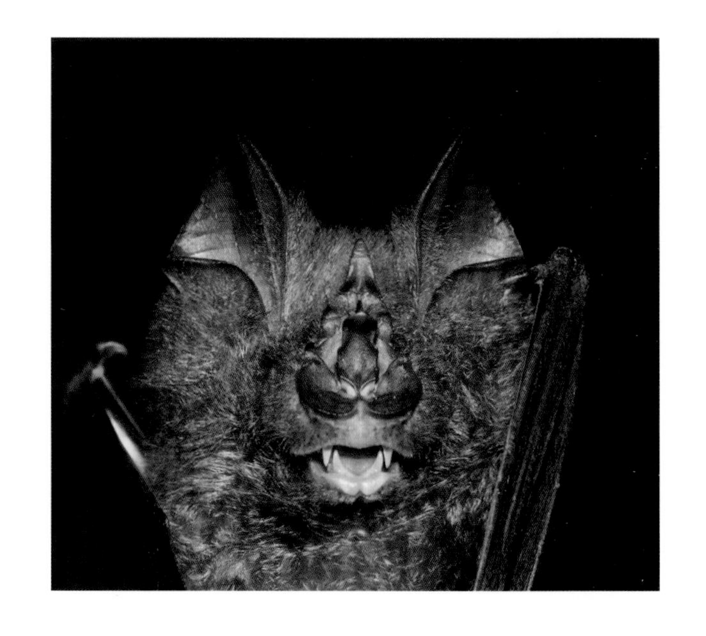

生活习性： 常栖息在洞口有阔叶林或灌丛的山洞内。常集群生活，多与其他蝠类共居，分别独自悬挂于岩壁或洞顶，傍晚出洞觅食。主要以蚊类和鳞翅目昆虫为食。

小菊头蝠

Rhinolophus pusillus

翼手目 菊头蝠科

形态特征：体长3.5—3.7cm，体重3.5—4.3g，前臂长3.7—3.9cm。耳短，鞍状鼻叶基部宽，顶部窄而呈三角形，两侧缘微凹入，联接鼻叶侧面观呈尖三角形，马蹄形鼻叶钝而圆，具两颗小乳突。背毛暗褐色，腹毛淡褐色。

生活习性：常栖息在低山山洞、坑道或居民点附近的洞穴。常集群生活，多与其他蝠类共居，靠回声定位。主要以蛾、蚊类昆虫为食。

中华菊头蝠

Rhinolophus sinicus

翼手目 菊头蝠科

形态特征：体长4.1—5.3cm，体重9—14g，前臂长5.5—6.3cm。吻鼻部具鼻叶，眼小耳大，耳朵无耳屏。马蹄形鼻叶较大，两侧下缘各具一片附小叶，鞍状鼻叶左右两侧呈平行状、顶端圆，连接鼻叶阔而圆。毛色为灰棕色和棕红色。和中菊头蝠区别在于其直形刺血针和相对较短的三指第二趾骨。

生活习性：常栖息在洞穴、废弃的旧隧道、寺庙、房屋、枯井和树木的空洞中。常集群生活，主要在夜间活动，靠回声定位。主要以昆虫和植物为食，也吸食动物血液。

大蹄蝠

Hipposideros armiger

翼手目 蹄蝠科

形态特征：体长9.2—10.5cm，体重41—66g，前臂长8.9—9.7cm。体型甚大，耳三角形，前鼻叶没有中央缺，鼻间隔不高隆。毛长而细密，体色变化大，背烟褐色甚至黑褐色，腹灰褐色。

生活习性：常栖息在湿度较大的喀斯特洞穴或废弃坑道。常集群生活，多与其他蝠类共居，夜间外出觅食，靠回声定位。主要以鳞翅目蛾类昆虫为食。

小蹄蝠

Hipposideros pomona

翼手目 蹄蝠科

形态特征：体长3.2—3.6cm，体重3.7—4.5g，前臂长4.0—4.5cm。马蹄形鼻叶前端无缺刻，鼻叶中仅有前鼻叶和后鼻叶，中鼻叶不存在。耳相对较大，耳长大于2.3cm。体背毛尖为棕褐色，基部为浅白色，腹部毛色略淡。

生活习性：常栖息在阴暗、湿度中等山洞、岩洞、山崖缝隙内。傍晚或夜里飞行寻找食物。主要以甲虫、飞蛾等昆虫为食。

普氏蹄蝠

Hipposideros pratti

翼手目 蹄蝠科

形态特征：体长8.0—9.4cm，体重51—68g，前臂长8.3—8.9cm。马蹄叶近方形，两侧各具2片小附叶，后鼻叶近三角形，额部有一横列形开口的大腺囊，囊口有一束笔状长毛伸出。耳尖钝而后缘微凹，无耳屏。毛色通体为淡棕黄色。

生活习性：常栖息在潮湿而温暖的洞穴中，洞道颇深而宽，洞内有地下河道。常集群生活，多与其他蝠类共居，夜间外出觅食，靠回声定位。主要以夜出性飞虫为食。

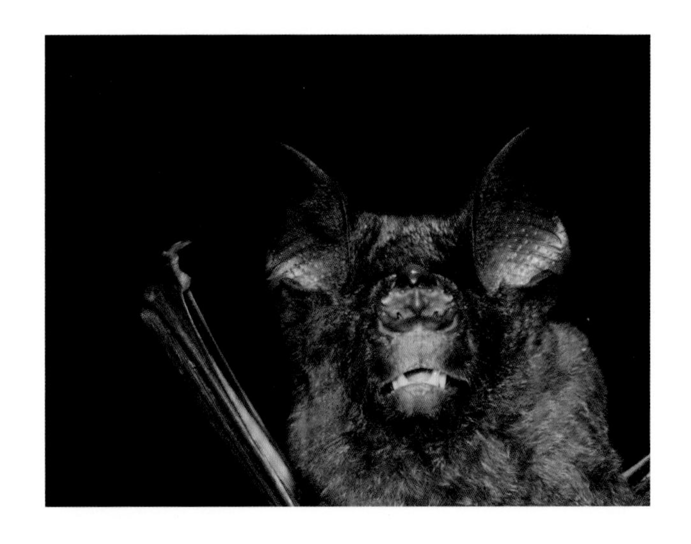

无尾蹄蝠

Coelops frithii

翼手目 蹄蝠科

形态特征：体长3.6—4.0cm，体重7.0—7.5g，前臂长3.5—3.8cm。体小无尾。鼻叶特化，有前、中、后鼻叶之分，后鼻叶两侧各有一个小叶。耳大呈半透明漏斗状。体毛背腹各异，背毛基部黑褐色，毛尖赤褐色，腹毛基部灰褐色，毛尖灰白色。

生活习性：常栖息在森林和古建筑内。夜间外出觅食，靠回声定位。主要以农田害虫为食。

宽耳犬吻蝠

Tadarida insignis

翼手目 犬吻蝠科

形态特征：体长8.3—9.0cm，体重24.5—34.5g，前臂长6.1—6.5cm。体形较大。吻部突出，上唇厚似犬吻，每侧有纵褶5～7条。耳壳宽大，卵圆形，两耳内缘下部相连。眼后各具小叶1对。

生活习性：常栖息在山区山洞或者建筑物缝隙。善攀爬，飞行速度较快，一般不与其他蝠类共居，靠回声定位。主要以鳞翅目和脉翅目昆虫为食。

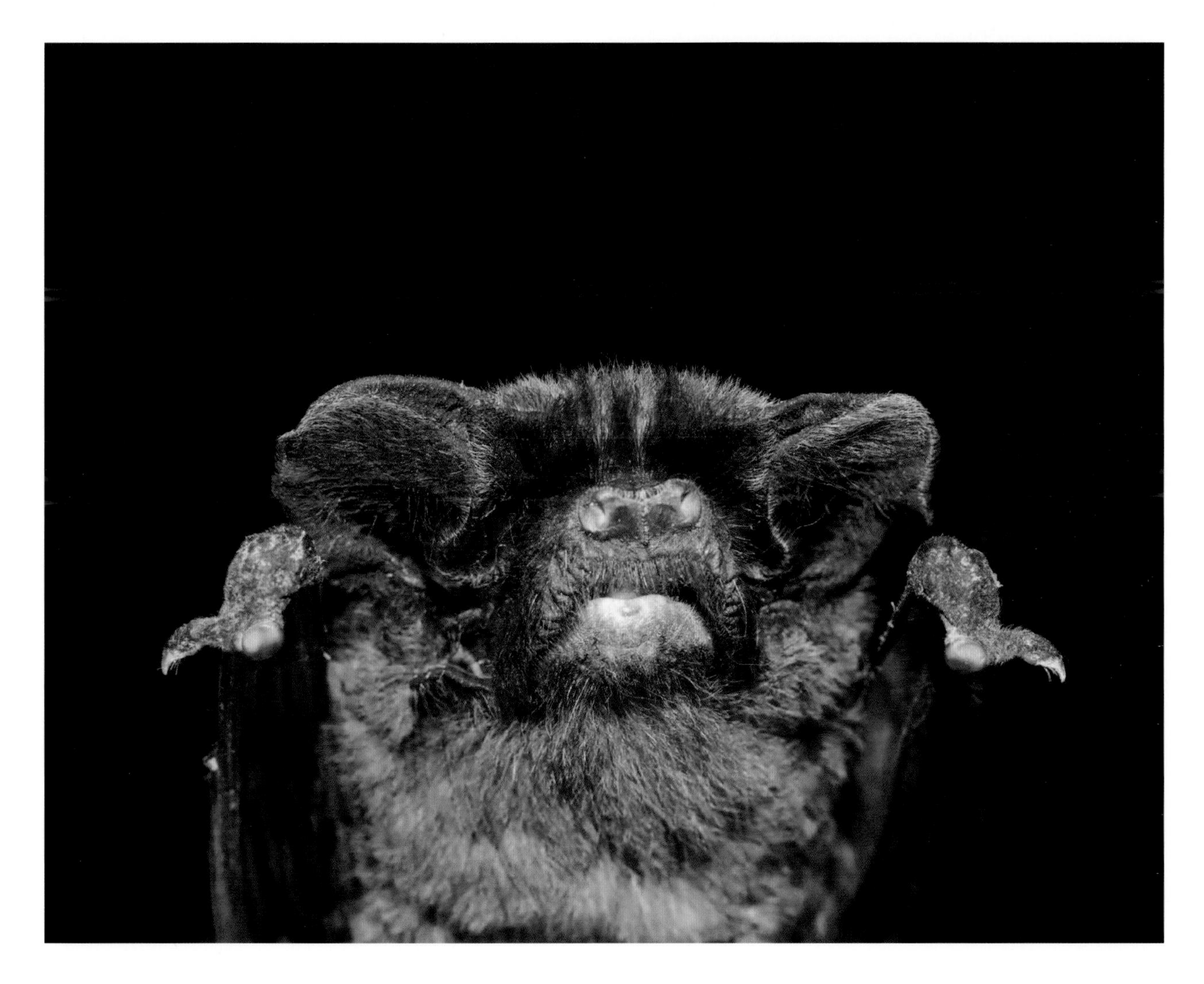

西南鼠耳蝠

Myotis altarium

翼手目 蝙蝠科

形态特征：体长3.4—5.1cm，体重7.9—10.0g，前臂长3.9—4.5cm。耳壳窄长，耳屏尖长，第3—5 掌骨近等长。体毛较长而柔和，背毛棕褐色，腹毛毛色近似，但胸部毛尖色泽较淡。

生活习性：常栖息在岩洞中。多单只与其他蝠类共居，昼伏夜出，靠回声定位。主要以昆虫为食。

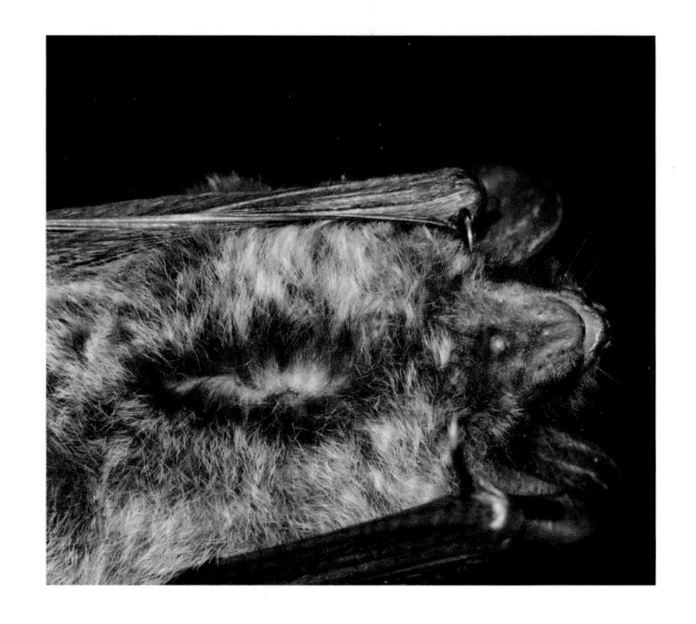

中华鼠耳蝠

Myotis chinensis

翼手目 蝙蝠科

形态特征：体长6.7—7.9cm，体重22.0—33.5g，前臂长6.2—6.9cm。头顶有宽大的耳壳，前折可达吻端，耳内缘略凸出呈弧形，顶端较尖，耳屏窄长达耳长之半。吻端有发达的口须，面部毛深褐色。背毛基部深褐色，毛尖棕褐色，腹毛基部黑灰色，毛尖棕灰色。爪粗壮而弯曲。

生活习性：常栖息在岩洞中。单只或成群栖于洞壁，有冬眠习性，昼伏夜出，靠回声定位。主要以昆虫为食。

毛腿鼠耳蝠

Myotis fimbriatus

翼手目 蝙蝠科

形态特征：体长3.9—4.9cm，体重4—7g，前臂长约3.5cm。体型较小。头顶有一对尖长的耳，耳屏较细长，但小于耳长之半。背毛灰棕色，腹毛基部深灰色，毛尖淡褐色。

生活习性：常栖息在阴湿的岩洞和隧道。多与其他蝠类共居，昼伏夜出，靠回声定位。主要以飞行昆虫为食。

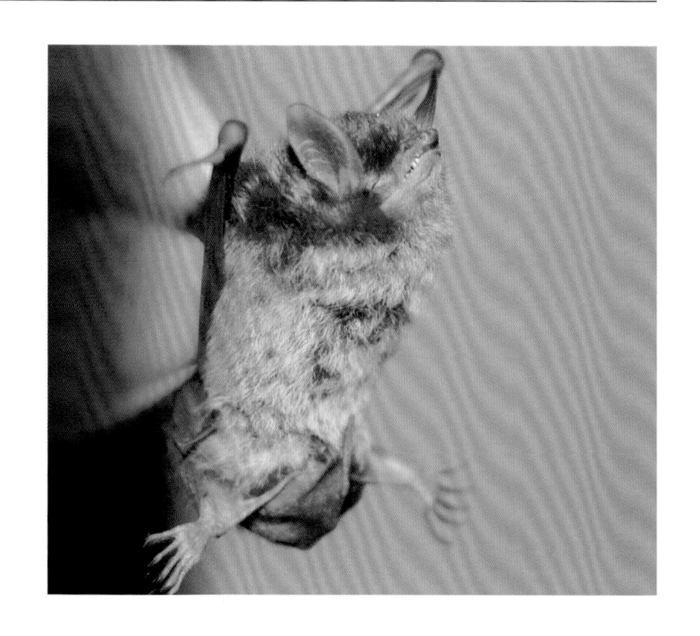

长尾鼠耳蝠

Myotis frater

翼手目 蝙蝠科

形态特征：体长4.6—5.2cm，体重6.5—7.9g，前臂长4—4.3cm。耳相对较大，可达1.8cm，从耳基部到尖端逐渐变窄，耳屏细长，近耳长之半。第3、4、5 掌骨依次变短。

生活习性：常栖息在岩洞中。多单只与其他蝠类共居，昼伏夜出，靠回声定位。主要以昆虫为食。

华南水鼠耳蝠

Myotis laniger

翼手目 蝙蝠科

形态特征：体长约4cm，体重3.9—5.0g，前臂长3.3—3.6cm。耳外侧边缘显凹形，外缘有8个皱褶，耳向前折转不达吻端。耳屏狭长，前缘呈直线形，后缘中间凸，先端钝圆。全身被以木褐色短绒毛，下体胸部、腹部、喉部、鼠蹊部、体侧均被黑灰色短绒毛，其尖端灰白色。

生活习性：常栖息在树洞和木质建筑物中。常集群生活，多与其他蝠类共居，夜间外出觅食，靠回声定位。主要以膜翅目或鞘翅目昆虫为食。

山地鼠耳蝠

Myotis montivagus

翼手目 蝙蝠科

形态特征：体长4.7—6.0cm，体重约8g，前臂长4.0—4.5cm。无鼻叶结构，耳廓长且尖、平钝，耳屏尖长。翼膜附于趾基。背毛黑色，腹毛基部黑色而尖部棕黄色。

生活习性：常栖息在山地、农田附近。昼伏夜出，靠回声定位。主要以夜出性飞虫为食。

大足鼠耳蝠

Myotis pilosus

翼手目 蝙蝠科

形态特征：体长6.3—6.9cm，体重17—31g，前臂长5.5—6.1cm。后足大，其长(含爪)达到1cm，几与胫相等，此为与中华鼠耳蝠最显著的区别。耳较短，向前折不能达吻尖，耳屏细尖。

生活习性：常栖息在洞穴内的洞顶或石缝之中。集群达几十或上百只，多与其他蝠类共居，昼伏夜出，靠回声定位。主要以昆虫为食。

渡濑（lài）氏鼠耳蝠

Myotis rufoniger

翼手目 蝙蝠科

形态特征：体长4.5—6.6cm，体重10—18g，前臂长4.5—5.5cm。体色鲜艳，体毛橙棕色，翼膜上底色橙褐色，掌间具三角形褐色大型的斑块。背毛长而呈橙褐色，腹面较背面色浅，与大部分翼膜同为鲜红褐色。翼膜背面沿上臂、翼膜腹面和尾膜背面均覆有短绒毛。

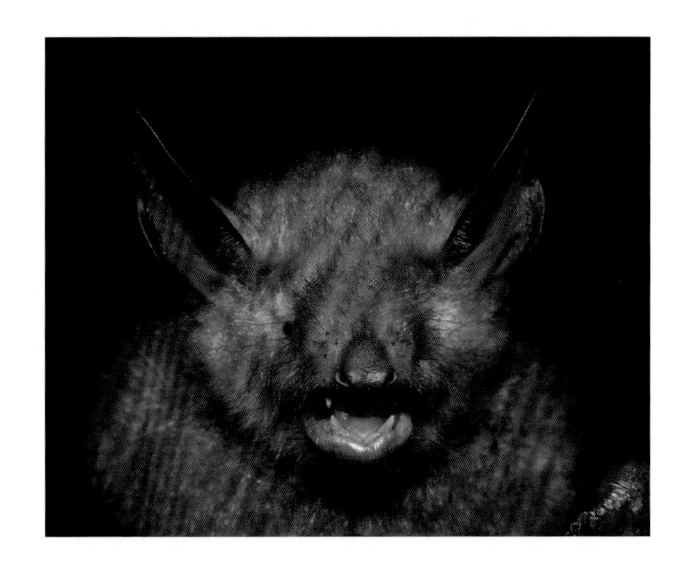

生活习性：常栖息在阔叶林、竹林、灌木丛中，营树栖生活，有的也居于屋檐、门窗缝，有时甚至入屋内。主要以鳞翅目、鞘翅目和双翅目昆虫为食。

高颅鼠耳蝠

Myotis siligorensis

翼手目 蝙蝠科

形态特征：体重2.3—2.6g，前臂长3.0—3.3cm。体型较小。耳向前折略超过鼻尖。背部毛基深棕色，毛尖棕红色，腹毛与背毛毛色相似，但略带灰色。

生活习性：常栖息在黑暗的岩洞和岩缝中。昼伏夜出，靠回声定位。主要以昆虫为食。

东亚伏翼

Pipistrellus abramus

翼手目 蝙蝠科

形态特征：体长4.0—4.9cm，体重4.4—7.2g，前臂长3.1—3.5cm。耳短而宽，外缘基部上方有凸突，耳屏短，内缘凹、外缘凸，其长度略等于耳长之半。背毛烟褐色和黑褐色，腹毛色略淡，呈灰褐色。

生活习性：常栖息在建筑物的顶梁、屋檐、夹缝等间隙中。有冬眠习性，昼伏夜出，靠回声定位。主要以蚊和飞蛾等昆虫为食。

印度伏翼

Pipistrellus coromandra

翼手目 蝙蝠科

形态特征：体长3.9—4.5cm，体重4—6g，前臂长3.1—3.4cm。耳较小而薄，端部较圆，外侧基部无缺刻，耳屏为长条形。背毛端部赭黄色或赭色，基部为黑褐色，腹毛褐色，后腹毛色更淡。

生活习性：常栖息在森林、田野和家舍。昼伏夜出，靠回声定位。主要以昆虫为食。

普通伏翼

Pipistrellus pipistrellus

翼手目 蝙蝠科

形态特征： 体长 3.7—4.2cm，体重 4.0—5.5g，前臂长 3.1—3.3cm。耳短而呈三角形，耳壳向前折转仅达眼与鼻孔之间，耳屏短，其外缘基部具凹形切刻。背毛基部黑色，毛尖棕色，腹毛基部黑褐色，毛尖灰白色。翼膜较长，止于趾基部。阴茎外观较长而直伸，无阴茎骨。头骨吻短，眶间隔宽，矢状脊和人字脊均不发达。

生活习性： 常栖息于屋檐、缝隙中，也在山洞中被发现。常活动于居民区及农耕地、河流上空。以蚊类等昆虫为食。

小伏翼 又名：侏伏翼

Pipistrellus tenuis

翼手目 蝙蝠科

形态特征：体长约3.2cm，体重约3.8g，前臂长2.6—2.8cm。有耳屏，无鼻叶，但有些种类有褶皱，尾通常被尾膜包裹。耳为黑色。通体棕褐色，其中背毛棕色偏多，特别是腰部和臀部棕色明显。头骨鼻额部短而低，脑颅部略显丰满。

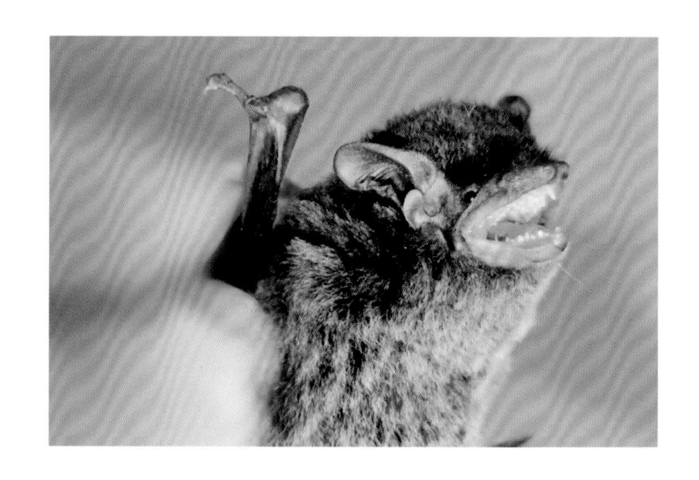

生活习性：常栖息在岩洞。有冬眠和迁徙习性，昼伏夜出，靠回声定位。主要以昆虫为食。

灰伏翼

Hypsugo pulveratus

翼手目 蝙蝠科

形态特征：体长4.3—4.9cm，体重4—6g，前臂长3.1—3.5cm。耳较短而呈三角形，耳屏前端钝圆，仅为耳长的1/3。背毛深褐近黑色，腹毛基部毛色浅于背面，毛尖为淡褐或灰色，从而形成较厚的“霜层”，腹部尤为明显。

生活习性：常栖息在房屋或岩洞中。常集群生活，多与其他蝠类共居，昼伏夜出，靠回声定位。主要以昆虫为食。

东方蝙蝠

Vespertilio sinensis

翼手目 蝙蝠科

形态特征：体长6.0—6.4cm，体重19.0—23.5g，前臂长4.8—5.2cm。耳壳短宽，呈三角形，耳屏上端较钝圆。翼膜直达趾基，具距缘膜。背毛棕褐色，毛尖灰白色，从而使背部呈现花白细斑，腹毛灰褐色，毛基淡褐色，毛尖灰白色。

生活习性：常栖息在旧建筑物的裂隙及天花板等处。常集群生活，晨昏活动，靠回声定位。主要以昆虫为食。

东方棕蝠

Eptesicus pachyomus

翼手目 蝙蝠科

形态特征：体长 5—7cm，体重 15—21g，前臂长 4.5—5.0cm。耳较短小，吻鼻部正中有一浅沟，矢状脊明显，颧弓发达。上体毛棕褐色，毛基较深暗，下体毛略淡，毛端带皮黄色，毛基带黄灰色，翼膜暗褐色。

生活习性：常栖息在房顶、楼台、夹壁、墙缝、岩石缝和山洞中。单只或成群栖息，靠回声定位，在山洞岩壁或缝隙中冬眠。主要以昆虫为食。

中华山蝠

Nyctalus plancyi

翼手目 蝙蝠科

形态特征： 体长4.2—5.4cm，体重23.9—31.4g，前臂长5.0—5.3cm。吻端裸出，耳短而钝，耳屏宽短而似倒置的肾形。背毛深褐色或棕褐色，腹毛略浅淡，背腹面前臂至膝之间的体侧，以及股间膜近体部分均生长有短毛。头骨吻鼻部短宽，人字脊明显而矢状脊低矮。

生活习性： 常栖息在旧建筑物的屋檐、天花板、墙缝等处，黄昏时飞出到农田或树林觅食。主要以昆虫为食。

斑蝠

Scotomanes ornatus

翼手目 蝙蝠科

形态特征：体长 6.5—7.3cm，体重 19—24g，前臂长 5.4—5.6cm。耳长，卵圆形，耳屏内缘直，外缘呈弧形。体毛色彩斑斓，背毛橙棕色，枕部中央和肩部两侧各具小白斑。腹毛褐色，腹侧到腹后部有一“V”字形白斑。

生活习性：常栖息在山洞中。常集群生活，晨昏活动，靠回声定位。主要以昆虫为食。

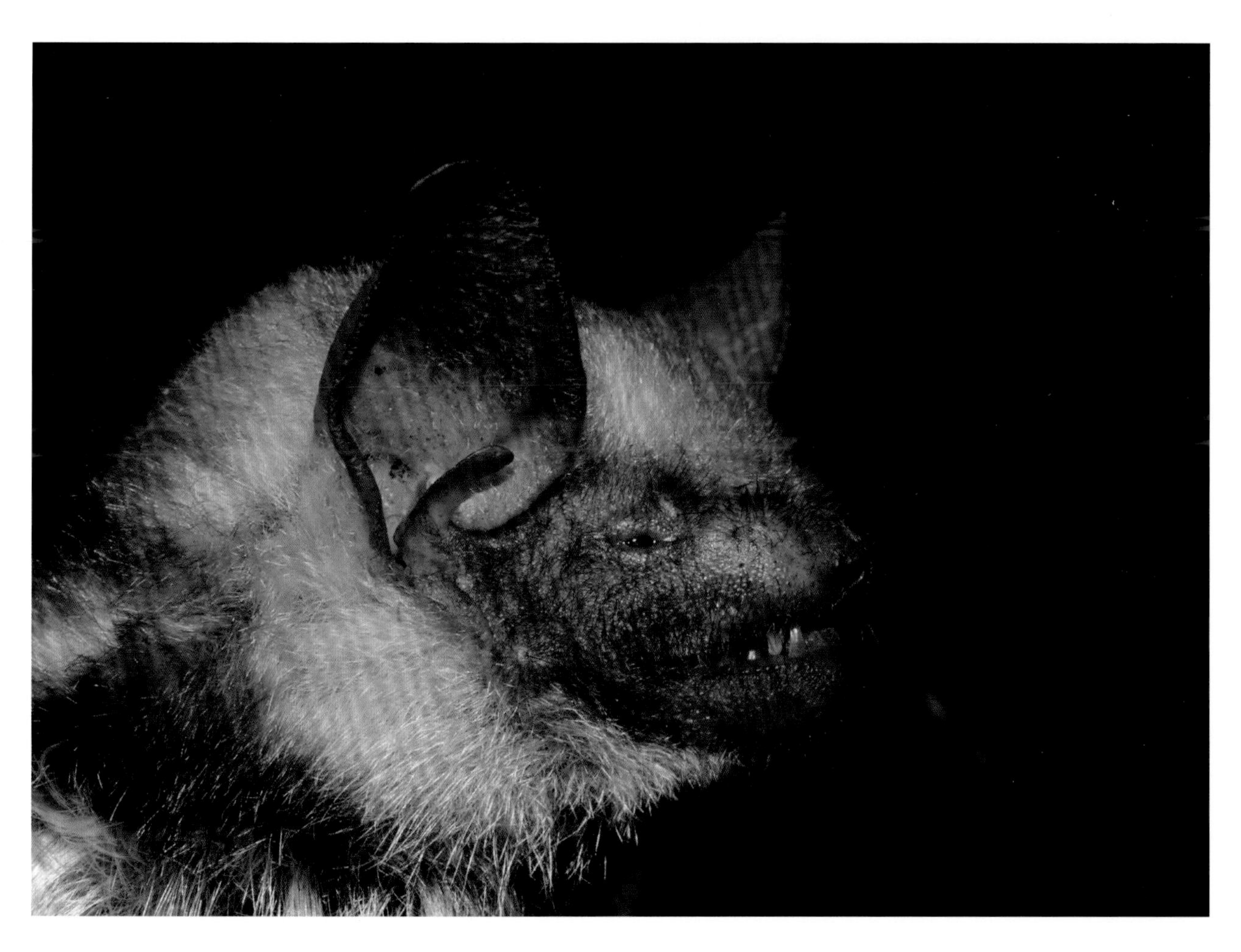

大黄蝠

Scotophilus heathi

翼手目 蝙蝠科

形态特征：体长约8.4cm，体重48.2—54.2g，前臂长6.4—6.6cm。鼻部正常，耳较阔短，耳屏似弯刀。背毛毛基浅黄色，毛尖棕褐色，腹毛为鲜明的棕黄色。头骨宽阔，前颌骨退化，矢状脊明显。

生活习性：常栖息在河边的树洞内。常集群生活，夜行性，晚上飞出觅食，靠回声定位。主要以昆虫为食。

小黄蝠

Scotophilus kuhlii

翼手目 蝙蝠科

形态特征：体长5.6—6.8cm，体重19—23g，前臂长4.8—5.3cm。耳壳小，椭圆形，耳屏弧形弯曲。体形瘦长，背毛为浅棕色或橄榄绿色，腹部毛为灰色。头骨吻鼻部与脑颅几乎处于同一平面，人字脊和矢状脊均不明显，颧弓细弱。

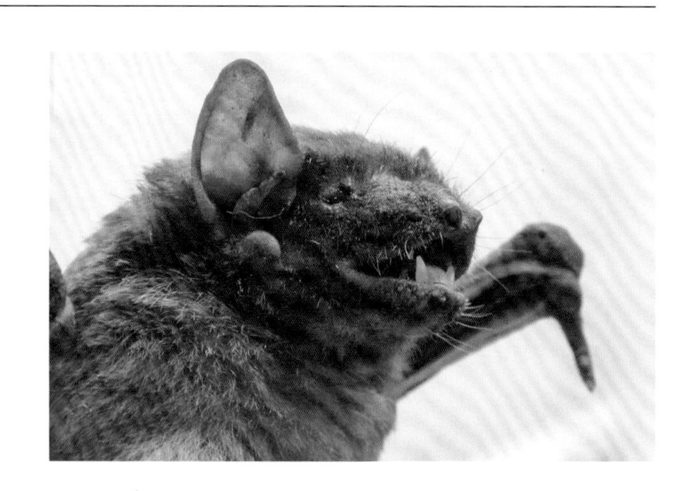

生活习性：常栖息在人工建筑物和棕榈科植物的叶丛中。夜行性，晚上飞出觅食，靠回声定位。主要以昆虫为食。

环颈蝠

Thainycteris aureocollaris

翼手目 蝙蝠科

形态特征：体长约6cm，体重13—19g，前臂长4.5—5.0cm。从耳基部至喉部有一明显的金黄色毛带，形似一个项圈。口吻短而宽，毛发稀疏，耳三角形，耳屏短小而圆。背部整体呈金黄色，腹部淡黄色。脑颅圆，人字脊和矢状脊均不明显，眶后突显著。

生活习性：常栖息在远离人烟的亚热带常绿阔叶林中。在树间、树顶和森林边缘觅食，靠回声定位。主要以昆虫为食。

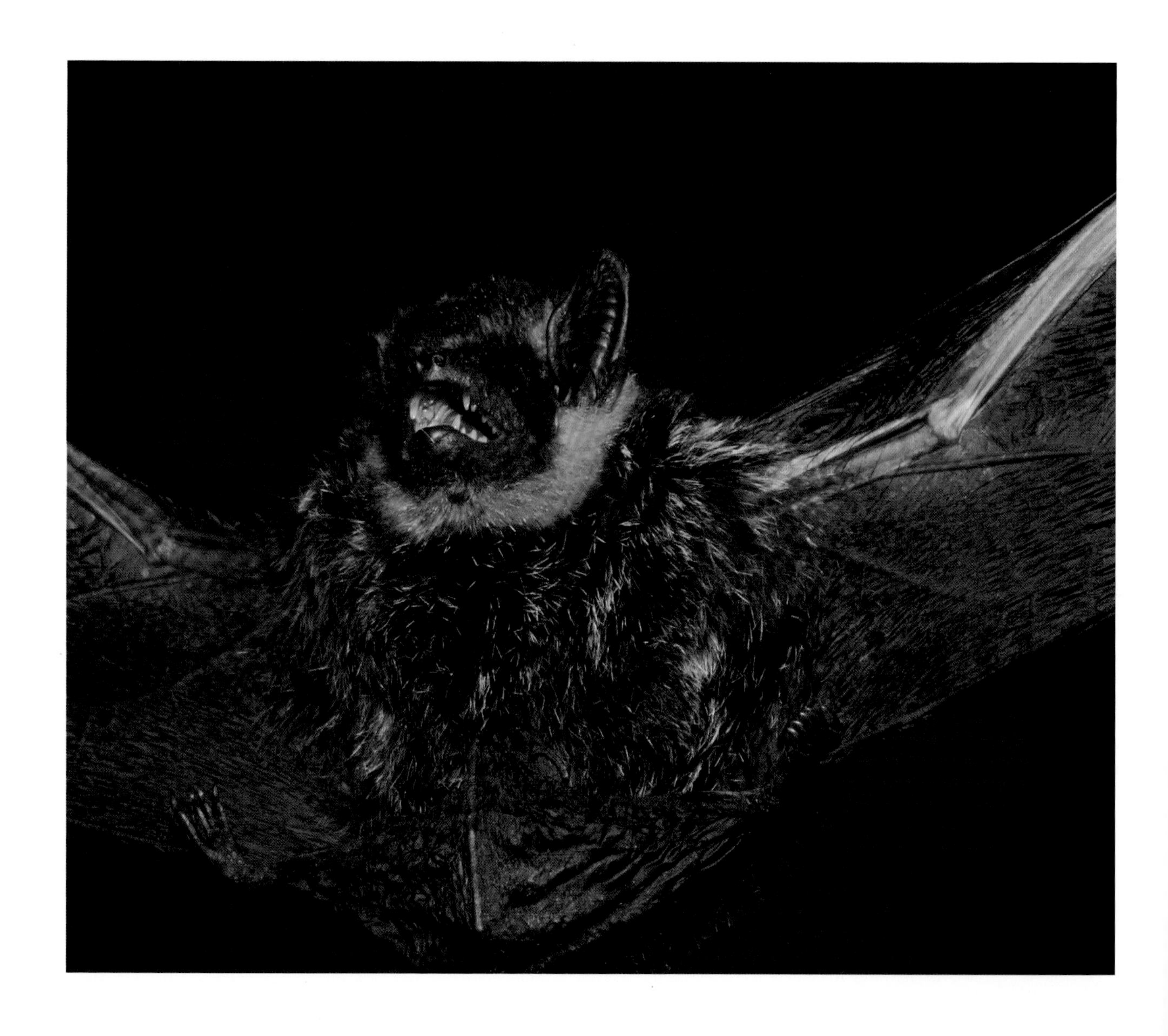

托京褐扁颅蝠

Tylonycteris tonkinensis

翼手目 蝙蝠科

形态特征：体长4.5—5.0cm，体重6.5—8.5g，前臂长2.6—3.0cm。体型小，耳短小，耳屏细而钝，黑褐色。第一指基部和跖部有吸盘状肉垫，因休息时无须用爪挂而爪已相对退化。距缘膜较窄。通体毛色较扁颅蝠深暗。背毛黑棕色或黑灰棕色，毛尖光滑，腹毛毛色略浅。

生活习性：栖息于直径8—10cm 的竹径之中。主要以昆虫为食。

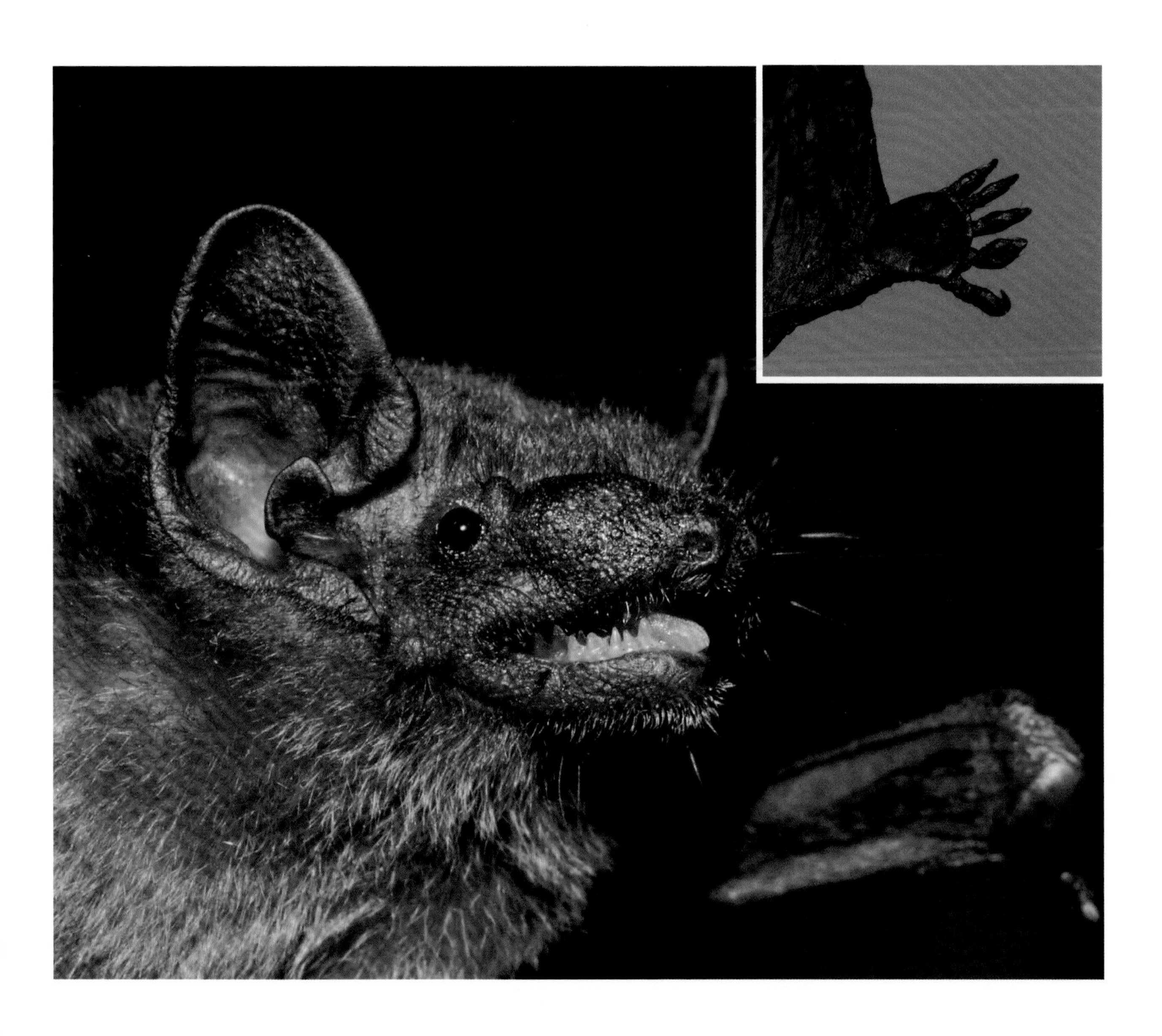

亚洲长翼蝠

Miniopterus fuliginosus

翼手目 蝙蝠科

形态特征：体长约5.1cm，体重7.1—9.8g，前臂长4.1—4.3cm。体毛短而呈丝绒状。耳短圆，耳屏小而细长，但长度仅为耳长之半。背毛为黑褐色，毛基色深于毛尖；腹毛灰黑色，毛端浅褐色，根部毛色更淡。翼膜只达关节，翼尖长，头骨脑颅低较平，脑颅发达呈球形，矢状脊和人字脊均不发达。

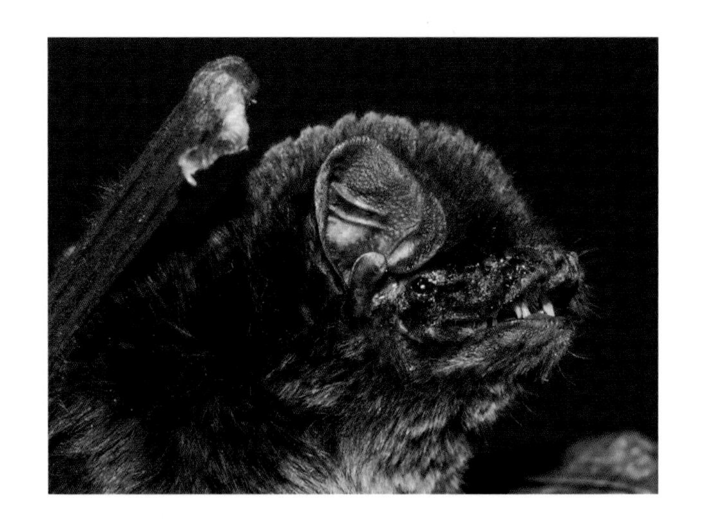

生活习性：常栖息在洞穴中。常集群生活，多与其他蝠类共居，夜间外出觅食，靠回声定位。主要以鳞翅目和鞘翅目昆虫为食。

中管鼻蝠

Murina huttoni

翼手目 蝙蝠科

形态特征：体长3.9—4.7cm，体重约7g，前臂长3.3—3.6cm。鼻孔突出成短管状，耳廓圆润，耳屏尖长且边缘深色。背毛长且松软呈棕褐色，腹毛颜色较浅。

生活习性：常栖息在山洞、缝隙和森林中。常集群生活，多与其他蝠类共居，夜间外出觅食，靠回声定位。主要以昆虫为食。

白腹管鼻蝠

Murina leucogaster

翼手目 蝙蝠科

形态特征： 体长 4.5—5.6cm，体重约 11g，前臂长 4.2—4.7cm。鼻延长呈短的管状。耳壳狭而短。第 5 掌骨略长于第 4 掌骨，故翼膜宽。股间膜和足均被有长而柔软的毛。背毛柔软且长，锈棕色，腹面毛色污白。

生活习性： 常栖息在阔叶林地带的山洞或者废弃的房屋中。有冬眠习性，常集群生活，夜间外出觅食，靠回声定位。主要以昆虫为食。

毛翼蝠 又名：毛翼管鼻蝠

Harpiocephalus harpia

翼手目 蝙蝠科

形态特征：体长约 6.3cm，体重约 13g，前臂长 4.7—5.3cm。鼻孔高而突出，呈短管状。耳壳质薄，为卵圆形，耳屏披针状。股间膜和后脚密生黄褐色的细毛。全身体毛柔细呈灰色，翼膜为浅黑褐色。头骨吻鼻部宽平，脑颅不明显突出，犬齿较大。

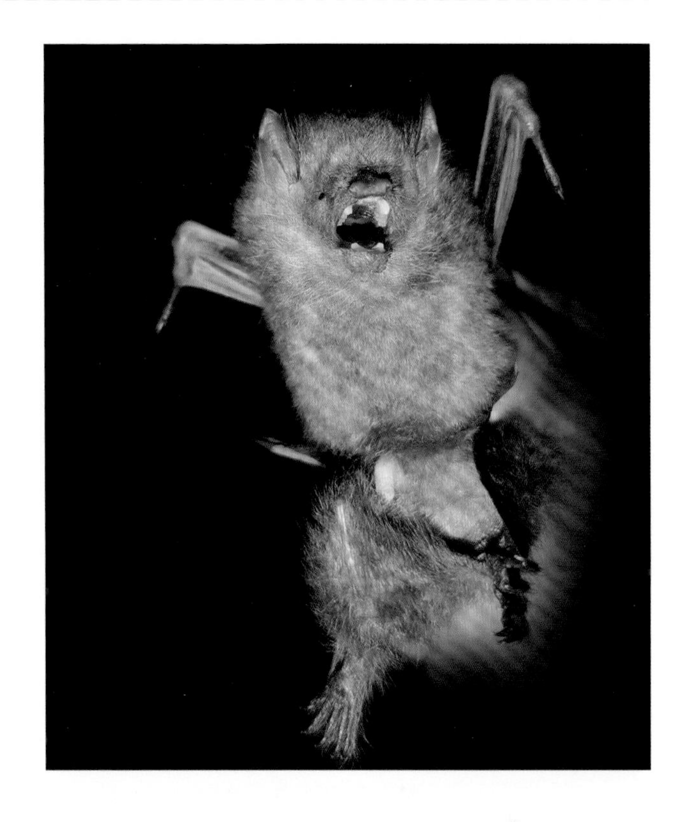

生活习性：常栖息在森林中。昼伏夜出，靠回声定位。主要以昆虫为食。

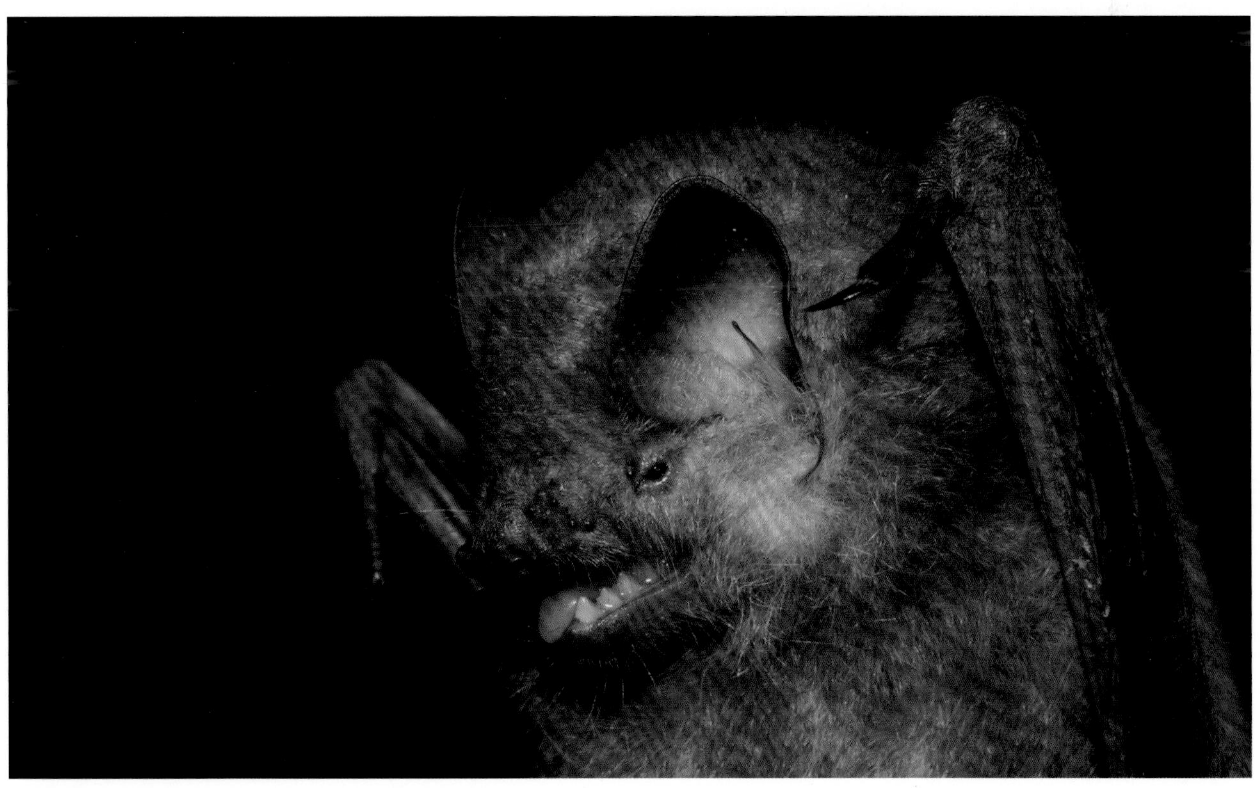

彩蝠

Kerivoula picta

翼手目 蝙蝠科

形态特征：体长3.7—5.3cm，体重7.8—10.0g，前臂长3.7—4.9cm。耳壳较大，耳基部管状，略似漏斗状，耳内缘凸起，耳屏细长披针形。翼膜与趾基相连。第5掌骨长于第3、4掌骨，翼显得短而宽。足背有黑色短毛。背腹毛橙黄色，但腹毛较淡。前臂、掌和指部及其附近为橙色，但指间的翼膜为黑褐色。头骨吻部狭长，略上翘，脑颅圆而高凸。

生活习性：常栖息在茶树林及房屋附近。昼伏夜出，靠回声定位。主要以昆虫为食。

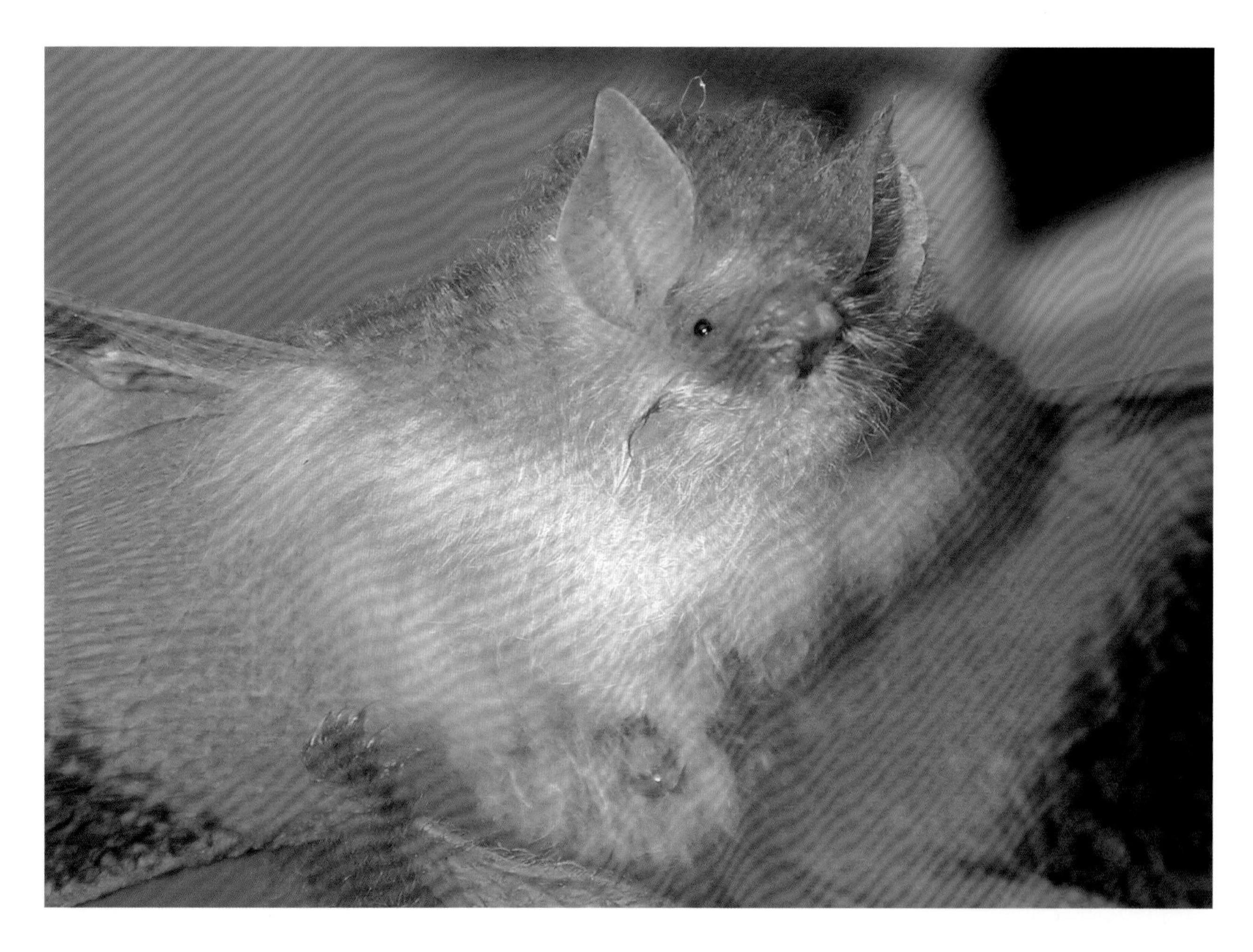

猕猴

Macaca mulatta

灵长目 猴科

形态特征：体长47—64cm，尾长19—30cm。毛色大多为棕黄色或灰黄色，面部、两耳和臀部裸露无毛且多为肉红色。头顶无旋，颜面消瘦，吻部突出，有颊囊，手足均有5指（趾）。

生活习性：主要栖息在石山峭壁、溪旁沟谷和江河岸边的密林中或疏林岩山上，能直立，多群居。有互相梳毛的习惯，且以各种声音或手势进行交流。以树叶、野果、嫩枝和小动物等为食。

保护级别：国家二级保护野生动物。

藏酋猴

qiú

Macaca thibetana

灵长目 猴科

形态特征：雄猴的体长为61—72cm，尾长8—10cm，体重14.0—17.5kg；雌猴的体长为51—62cm，尾长4—8cm，体重9—14kg。全身披疏而长的毛发，背部色泽较深，腹部颜色较浅，头顶常有旋。雌猴的毛色浅于雄猴，幼体毛色浅褐色。

生活习性：喜群居，每群有1—3只成年雄猴为首领，喜在地面活动，平时多在崖壁缝隙、陡崖或大树上过夜。杂食性，以植物为主。

保护级别：国家二级保护野生动物。

穿山甲 又名：中华穿山甲

Manis pentadactyla

鳞甲目 鲮鲤科

形态特征：体长 42—92cm，尾长 28—35cm，体重 2—7kg。头呈圆锥状，眼小，吻尖。舌长，无齿。尾扁平而长，背略隆起，足具 5 趾。全身有鳞甲，鳞片呈棕色，腹部的鳞片略软、呈灰白色，老年兽的鳞片边缘橙褐色或灰褐色，幼兽尚未角化的鳞片呈黄色，鳞片之间杂有硬毛。

生活习性：喜炎热，能爬树，会游泳，善挖洞。以长舌舐食白蚁、蚁、蜜蜂或其他昆虫。

保护级别：国家一级保护野生动物。

狼

Canis lupus

食肉目 犬科

形态特征： 雄性体长100—130cm，雌性体长87—117cm，尾长100—130cm，体重50kg左右。颜面部长，斜眼，鼻端突出，耳尖且直立，犬齿及裂齿发达，毛粗而长，前足4—5趾，后足一般4趾，足长体瘦，尾多毛、挺直状，下垂夹于两后腿之间。毛色多为棕黄或灰黄色，略混黑色，下部带白色。

生活习性： 多为群居，有着极为严格的等级制度和领域范围，会以嚎声宣示领域范围，通常在领域范围内活动。主要捕食中大型哺乳动物。

保护级别： 国家二级保护野生动物。

赤狐

Vulpes vulpes

食肉目 犬科

形态特征：成年赤狐体长约70cm。吻尖而长，鼻骨细长，额骨前部平缓、中间有一狭沟，耳较大、高而尖、直立。四肢较短，尾较长且略超过体长之半，尾粗大、覆毛长而蓬松，耳背之上半部毛黑色。毛色因季节和地区不同而变异很大，尾巴的尖端均为白色。具尾腺，能释放奇特臭味。

生活习性：喜欢单独活动，善于游泳和爬树。通常夜间出来活动，白天隐蔽在洞中睡觉。听觉、嗅觉发达，性狡猾，会“装死”，行动敏捷。

保护级别：国家二级保护野生动物。

háo
貉

Nyctereutes procyonoides

食肉目 犬科

形态特征：体长45—66cm，尾长16—22cm，后足长7.5—12.0cm，体重3—6kg。体型小，外形似狐，有明显面纹。前额和鼻吻部白色，眼周黑色，颊部覆有蓬松的长毛且形成环状领，背的前部有一交叉形图案，胸部、腿和足暗褐色。背部和尾部的毛尖黑色，背毛浅棕灰色，混有黑色毛尖。体态一般矮粗，尾长小于体长的33%，且覆有蓬松的毛。

生活习性：独栖或3—5只成群，一般白昼匿于洞中，夜间出来活动。性较温驯，叫声低沉，能爬树和游泳。有犬科中独有的非持续性睡眠习性，即冬天平时在洞中睡眠不出，但与真正冬眠不同，往往在融雪天气时也有出来活动。

保护级别：国家二级保护野生动物(仅限野外种群)。

豺

Cuon alpinus

食肉目 犬科

形态特征：体长95—103cm，尾长45—50cm，肩高52—56cm，体重20kg左右。外形与狼、狗相近，头宽，额扁平，吻部较短，耳短而圆，额骨的中部隆起，从侧面看整个面部显得鼓起来。四肢较短，体毛厚密而粗糙，一般头部、颈部、肩部、背部，以及四肢外侧等处的毛色为棕褐色，腹部及四肢内侧毛色为淡白色、黄色或浅棕色。尾较粗，毛蓬松而下垂，呈棕黑色。

生活习性：典型的山地动物，好群居，善围猎，凶猛，行动敏捷，善于跳跃。多由较为强壮的“头领”带领一个或几个家族临时聚集而成，少则2—3只，多时达10—30只，也能见到单独活动的个体。主要以各种动物为食，偶尔也吃一些甘蔗、玉米等植物。

保护级别：国家一级保护野生动物。

黑熊

Ursus thibetanus

食肉目 熊科

形态特征：雄性体长 120—189cm、体重 60—200kg，雌性体长 110—150cm、体重 40—140kg。眼小，鼻端裸露，吻较短，身体粗壮，头部宽圆。体毛黑色而富有光泽，鼻部毛呈黑褐色、棕褐色，眉额处常有稀疏白毛，胸部由白色、淡黄色、赭色短毛形成“V”形或“U”形，背部毛基灰黑色、毛尖深黑色，绒毛也呈灰黑色。

生活习性：典型的林栖动物，嗅觉和听觉很灵敏，视觉差，能直立行走，善攀爬和游泳。一般在夜晚活动，白天在树洞或岩洞中睡觉。杂食性。

保护级别：国家二级保护野生动物。

黄喉貂

Martes flavigula

食肉目 鼬科

形态特征：体长 56—65cm，尾长 38—43cm，体重 2—3kg。体柔软而细长，呈圆筒状。耳部短而圆，尾毛不蓬松。头较为尖细，略呈三角形，腿较短。身体的毛色比较鲜艳，头及颈背部、身体的后部、四肢及尾巴均为暗棕色至黑色，喉胸部毛色鲜黄，腰部呈黄褐色，其上缘还有一条明显的黑线，腹部呈灰褐色，尾巴为黑色，皮毛柔软而紧密。

生活习性：多活动于森林中，性情凶狠，行动快速敏捷，善爬树和隐蔽，常在白天活动。以肉食为主，常单独或数只集群捕猎较大的草食动物，偶尔采食野果，当食物缺乏时也吃动物尸体。

保护级别：国家二级保护野生动物。

黄腹鼬

Mustela kathiah

食肉目 鼬科

形态特征：体长22—37cm，体重160—320g。体形细长，尾长，超过体长之半。体背毛呈栗褐色，腹毛自喉部经颈下至鼠鼷部及四肢肘部为沙黄色，且腹侧间分界线直而清晰。

生活习性：多栖息于山地森林、草丛、低山丘陵、农田及村庄附近。性凶猛，行动敏捷，行走时碎步搜索前进。主要在清晨和夜间活动，会游泳，穴居。食物以鼠类为主，亦食鱼、蛙和昆虫。

黄鼬

Mustela sibirica

食肉目 鼬科

形态特征：雄性体长34—40cm，体重350—650g；雌性体长28—34cm，体重25—400g。身体细长，四肢短，尾蓬松，尾长超过体长之半。通体棕黄色，上下唇白色。肛门腺发达。

生活习性：栖息环境广泛，常见于森林林缘、灌丛、沼泽、河谷、丘陵和平原等地。多在晨昏活动，除繁殖期外，均单独栖居。善钻缝隙和洞穴，能游泳，善攀爬。食物种类广泛，捕食各种小型动物，以小型鼠类为主。

鼬獾

Melogale moschata

食肉目 鼬科

形态特征：体长32—42cm，体重1.0—1.5kg。体形细长而短小。通体毛色淡灰褐色或棕褐色。前额、眼后、颊和颈侧有不规则形状的白色斑纹，自头顶向后至脊背中央有一条白色纵纹。

生活习性：栖息在河谷及丘陵的森林、草丛中。穴居于石洞和石缝，善掘洞。杂食性，以蚯蚓、虾、蟹、昆虫、鱼和小型鼠类为主，亦食植物根茎和果实。

狗獾 又名：亚洲狗獾

Meles leucurus

食肉目 鼬科

形态特征： 体长 50—70cm，体重 5—10kg。体型肥壮。体被褐色或混杂乳黄色的粗硬稀疏针毛，头顶有白色纵纹 3 条，喉部黑褐色。

生活习性： 栖息于森林、灌丛、荒野、草丛及湖泊堤岸等生境中。穴居，夜行性，食性杂。

猪獾

Arctonyx collaris

食肉目 鼬科

形态特征：体长60—75cm，体重6.5—7.5kg。体型及大小似狗獾，两者主要区别在于猪獾的鼻垫与上唇间裸露，鼻吻狭长而圆，酷似猪鼻。通体黑褐色，喉及尾白色。

生活习性：穴居于岩石裂缝、树洞和土洞中，亦侵占其他兽穴。夜行性，食性杂。

水獭(tǎ) 又名：欧亚水獭

Lutra lutra

食肉目 鼬科

形态特征：体长50—80cm，体重3.5—8.5kg。营半水栖种类。躯体呈扁圆形，头部宽而扁，吻短，耳朵小。四肢短，趾（指）具蹼。裸露的鼻垫上缘呈“W”形。通体被毛呈咖啡色，体毛长而有光泽。

生活习性：栖息于河、溪流或湖泊中，喜两岸林木繁茂之处。多穴居。夜行性，尤在有月亮的夜晚活动频繁，通常独栖。主食鱼，也食蟹、蛙、蛇、鸟及小型哺乳类动物。

保护级别：国家二级保护野生动物。

小爪水獭

tǎ

Aonyx cinerea

食肉目 鼬科

形态特征：体长40—50cm，体重约3kg。外形似水獭，但甚小。鼻垫上缘被毛整齐，呈一横线，下颌及两侧具稀疏的刚毛。尾端被毛短而稀，几乎裸露。趾爪甚细小，但趾垫发达。

生活习性：栖息于山溪河湖中，亦分布于高海拔地区。活动规律和食性与水獭相似。

保护级别：国家二级保护野生动物。

大灵猫

Viverra zibetha

食肉目 灵猫科

形态特征：体长 60—80cm，最长可达 100cm，体重 6—10kg。大小与家犬相似，头略尖，耳小，额部较宽阔，吻部稍突。体毛为棕灰色，带有黑褐色斑纹，口唇灰白色，额、眼周围有灰白色小麻斑，颈侧和喉部有 3 条显著的波状黑领纹，腹毛浅灰色。四肢较短，黑褐色。尾长超过体长的一半，尾具 5—6 条黑白相间的色环，末端黑色。有香囊，能分泌出油液状的灵猫香。

生活习性：生性孤独，喜夜行，昼伏夜出，行动敏捷，听觉和嗅觉灵敏，狡猾多疑。常在森林边缘、农田附近、沟谷、居民点附近觅食。善攀登和游泳，在活动区内有固定的排便处。遇敌时，可释放极臭的物质，用于防身。杂食性，对植物的消化能力差。

保护级别：国家一级保护野生动物。

小灵猫

Viverricula indica

食肉目 灵猫科

形态特征：体长48—58cm，尾长33—41cm，体重2—4kg。外形与大灵猫相似，吻部尖而突出，额部狭窄，耳短而圆，眼小而有神。毛色以棕灰色、乳黄色多见，从肩到臀通常有3—5条颜色较暗的背纹，四足深棕褐色，尾被毛通常呈白色与暗褐色相间的环状，尾尖多为灰白色。尾部较长，尾长一般超过体长的一半。有高度发达的囊状香腺，雄性的香腺比雌性的略大。

生活习性：喜独居，昼伏夜出，性格机敏而胆小，行动灵活，会游泳，善于攀缘，常用香囊中的分泌物标记自己的领地和引诱异性灵猫。遇敌时，从肛门腺中排出一种黄色而奇臭的分泌物，用于防身。活动范围及食性随季节变化，秋季常在树林，冬季多在田边、林缘灌丛，夏季多在小溪边、水塘边及翻耕的田间活动觅食。杂食性。

保护级别：国家一级保护野生动物。

果子狸

Paguma larvata

食肉目 灵猫科

形态特征：体长 50—60cm，体重 4—8kg。粗胖而笨拙。鼻部黑色，从鼻镜后至头顶具一宽白面纹，背部和尾均无任何条纹或斑点。眼下有小的白色或灰色眼斑，眼上有面积较大的白斑，并有可能延伸至耳基部。尾端一般色深。

生活习性：主要栖居于常绿阔叶林、落叶阔叶林、稀树灌丛或稀树裸岩地。善攀缘，多在树上活动和觅食，主要以带酸甜味的多种浆果为食。

斑林狸

Prionodon pardicolor

食肉目 林狸科

形态特征：体长 37—38cm，尾长 31—34cm。毛被针毛少，显柔软，短而致密，全身黄褐色，体背有棕黑色大小不一的圆斑，颈背有两条黑色颈纹，面部无斑纹。圆柱形的长尾具 9—11 个暗色环，尾尖淡白色。前足 4 趾，均具爪鞘保护能伸缩的爪。牙齿侧扁、锐利。

生活习性：栖息在常绿阔叶林或灌丛。主食小型鸟类、鼠、蛙和昆虫等。

保护级别：国家二级保护野生动物。

食蟹獴（méng）

Herpestes urva

食肉目 獴科

形态特征：体长30—50cm，体重2kg。体躯稍粗壮，略呈扁圆。鼻吻尖，耳短，颈粗。自口角经颊、颈侧向后至肩部各有一条白色纵纹。体毛和尾毛甚粗长而蓬松，有些参差不齐，呈黑棕色。

生活习性：栖息于山林沟谷及溪水两旁的密林中，尤喜在山地杂木林中。洞栖。日间活动，常雌雄成对或携子外出活动。捕食蛇、鼠、蛙、昆虫和软体动物。

丛林猫

Felis chaus

食肉目 猫科

形态特征：体长58—76cm，尾长21.8—27.0cm，体重5—9kg。雄性比雌性大，成体呈浅棕色、淡红灰色或淡棕灰色，除腿上有一些条纹外，周身没有明显的斑纹。除头部，周身黑色毛尖形成均一的混合色，且有独特的脊冠。耳浅红色，耳间距近，耳尖上有小的暗褐色到黑色毛簇。尾尖黑色，近尾端一半处有暗色环纹。冬毛比夏毛更暗。

生活习性：一般独居，巢穴多位于较干燥的地区，例如石块下面或利用獾类的弃洞。多在夜间出没，善游泳，能攀爬。肉食性。

保护级别：国家一级保护野生动物。

豹猫

Prionailurus bengalensis

食肉目 猫科

形态特征：体长 36—66cm，尾长 20—37cm，体重 1.5—5.0kg。体形和家猫相仿，但更加纤细，腿更长。毛色基调是淡褐色或浅黄色，由头到肩有 4 条很宽很明显的主条纹。体侧有像铜钱一样的斑点，但不连成垂直的条纹。明显的白色条纹从鼻子一直延伸到两眼间，常常到头顶。耳大而尖，耳后黑色，带有白斑点。尾长有环纹，尾尖黑色。

生活习性：独栖或成对活动，善攀爬，夜行性，晨昏活动较多。善游泳，喜在水塘边、溪沟边、稻田边等近水之处活动和觅食，窝穴多在树洞、土洞、石块下或石缝中。肉食性。

保护级别：国家二级保护野生动物。

金猫

Pardofelis temminckii

食肉目 猫科

形态特征：体长116—161cm，尾长40—56cm，体重12—15kg，雌性比雄性小。头形短圆，面部短宽，耳短而宽，眼大而圆，有3个色型，即亮红色到灰棕色、暗灰褐色和全身满布斑点。

生活习性：活动区域随季节变化而垂直迁移，除在繁殖期成对活动外，一般独居。夜行性，以晨昏活动较多，白天栖于树上洞穴内，夜间下地活动，行动敏捷，善于攀爬。肉食性。

保护级别：国家一级保护野生动物。

云豹

Neofelis nebulosa

食肉目 猫科

形态特征：体长 70—110cm，尾长 70—90cm，雄性体重 23—40kg、雌性体重 16—22kg。头部略圆，口鼻突出，犬齿明显，爪子大，体色金黄并覆盖有大块的深色云状斑纹，斑纹周缘近黑色，而中心暗黄色，状如龟背饰纹，口鼻部、眼睛周围和胸腹部为白色，鼻尖粉色。瞳孔收缩时呈纺锤形。尾端有数个不完整的黑环，端部黑色。

生活习性：栖息于山地及丘陵常绿林中，通常白天在树上睡眠，晨昏和夜晚活动，善攀爬，喜独居，有敏锐的视觉、嗅觉和听觉，常伏于树枝上守候猎物，但在地面上的狩猎时间更长。肉食性。

保护级别：国家一级保护野生动物。

豹 又名：金钱豹

Panthera pardus

食肉目 猫科

形态特征：体长100—150cm，体重50—100kg。体呈黄色或橙黄色，全身布满大小不同的黑斑或古钱状黑环。身材矫健，躯体均匀细长，四肢中长有力。虹膜呈黄色，强光照射下瞳孔收缩为圆形，夜晚发出闪耀的磷光。犬齿及裂齿极发达。前足5趾，后足4趾，爪强锐锋利，可伸缩。尾发达，尾尖黑色。

生活习性：性机敏，喜独居，善奔跑、爬树和跳跃，白天潜伏在巢穴或树丛中睡觉，常夜间活动。肉食性。

保护级别：国家一级保护野生动物。

虎

Panthera tigris

食肉目 猫科

形态特征：雄性体长约 250cm、体重约 150kg，雌性体长约 230cm、体重约 120kg，尾长 80—100cm。头圆，吻宽，眼大，嘴边长着白色间有黑色的硬须，硬须长达 15cm 左右。全身底色橙黄，腹面及四肢内侧为白色，背面有双行的黑色横纹，尾上约有 10 个黑环，眼上方有一个白色区。

生活习性：有领域习性，常单独活动，只有在繁殖季节雌雄才在一起生活，无固定巢穴，多在山林间游荡寻食。爱游泳，多黄昏活动。肉食性。

保护级别：国家一级保护野生动物。

西太平洋斑海豹 又名：斑海豹

Phoca largha

食肉目 海豹科

形态特征：体长150—200cm，雄性体重约150kg，雌性体重约120kg。尾长。体肥壮，呈纺缍形。头圆眼大，吻短而宽。四肢蹼上被毛，前肢内趾长而外趾短，后肢第1、第5 趾长于其余3 趾，尾短小。成年体灰黄色或深灰色，腹部乳黄色，背部多深色斑点。初生幼体身披乳白色绒毛，断奶后胎毛完全脱换，长出毛色与成年体相似的粗短硬毛。

生活习性：主要以鱼类为食，也吃头足类和甲壳类动物。

保护级别：国家一级保护野生动物。

rán
髯海豹

Erignathus barbatus

食肉目 海豹科

形态特征：体长220—250cm，体重235—361kg。体形较长，头及前肢显得短小。头圆略狭，两眼相对小并靠近。吻较短，额部突出，眼睑部宽肥。上唇触须粗硬而光滑，长可达15cm，每侧约120 根。无外耳壳，颈部短。前肢近方形，可前伸。各趾均具爪，各趾等长或2—4 趾稍长。后肢向后伸而不能前屈。尾短小。成年体全身被棕黄色或棕灰色皮毛，背部色深，体侧及腹部色淡。雌性有时具不明显的斑纹。

生活习性：不集群，性机警。在开阔的浮冰上产仔。食底栖鱼类和小型无脊椎动物。

保护级别：国家二级保护野生动物。

野猪

Sus scrofa

偶蹄目 猪科

形态特征：体长100—120cm，体重140—200kg。体形似家猪，但脸部较长，吻部较尖。四肢短，尾细长。雄性具发达的犬齿，呈獠牙状。体色变异较大，一般是棕黑色或棕褐色，也有土黄色；腹面较背面毛色淡。

生活习性：主要栖息于阔叶林、针阔混交林，也出没于林缘耕地。群居，杂食，取食植物枝条、种子和蕨类，也吃一些农作物和动物性食物。

毛冠鹿

Elaphodus cephalophus

偶蹄目 鹿科

形态特征：体长约92cm，尾长约12cm，体重约30kg。被毛粗糙，一般为暗褐色或青灰色，冬毛几近于黑色，夏毛赤褐色。鼻端裸露，眼较小，无额腺，眶下腺特别显著，耳较圆阔，尾短。雄鹿有角，角长仅1cm左右，且角冠不分叉，尖略向下弯，隐藏在额顶上的一簇长的黑毛丛中。雌鹿无角，上犬齿比雄鹿小。

生活习性：栖息于丘陵地带繁茂的竹林、竹阔混交林及茅草坡等处，白天隐蔽，晨昏活动觅食，一般成对活动，听觉和嗅觉较发达，性情温和，机警灵活。草食性。

保护级别：国家二级保护野生动物。

獐 原名：河麂

Hydropotes inermis

偶蹄目 鹿科

形态特征：体长约 100cm，体重约 15kg。体背、体侧和四肢为棕黄色，耳背棕色，耳内侧灰白色，下颏和喉上部白色。雌雄均不具角，雄性上犬齿发达，突出口外。耳基部有两条软骨质的脊突，顶端稍尖。尾短，毛粗而长，呈波状弯曲。

生活习性：独居或成双活动，最多集 3—5 只小群。性胆小，感觉灵敏，善于隐藏，也善游泳，雄性会用尿液和粪便来标记自己的领地。草食性，主食杂草、嫩叶和树根等。

保护级别：国家二级保护野生动物。

黑麂

jǐ

Muntiacus crinifrons

偶蹄目 鹿科

形态特征：体长 100—110cm，尾长 2—4cm，体重 21—26kg。冬毛上体暗褐色，夏毛棕色较多，长毛易脱落，背面黑色，尾腹及尾侧毛色纯白，十分醒目。雄性具角，角柄较长，头顶部和两角之间有一簇长达 5—7cm 的棕色冠毛。半成体毛色略淡，多为暗褐色，胎儿及初生幼仔体具浅黄色圆形斑点。

生活习性：一般雄雌成对活动，活动比较隐蔽，有领域性，善游泳，性胆小，白天常在大树根下或在石洞中休息，晨昏活动。主食树叶和嫩枝，也吃大型真菌等。

保护级别：国家一级保护野生动物。

小麂

Muntiacus reevesi

偶蹄目 鹿科

形态特征：体长73—87cm，体重10—15kg。体小，上体棕黄色；额腺两侧有一条棕黑色条纹；尾背毛与背部同色，尾腹及腹部白色，四肢棕黑色。雄性有角，具獠牙。

生活习性：栖息于低山丘陵地区的灌丛中。取食多种灌木和草本植物的枝叶、幼芽，也吃花和果。

赤麂（jǐ）

Muntiacus vaginalis

偶蹄目 鹿科

形态特征：体长98—120cm，肩高50—72cm，尾长17—20cm，体重17—40kg。体型中等，毛色红，具有长而窄的角柄。具很大的眶前腺。额部和角柄正面有黑点，尾下面白色，尾上面颜色为与体相同的红色，颈后无深色背纹。

生活习性：栖息于山地森林，独居或有时结成2—4头的小群。食物主要为树叶、芽和花。

水鹿

Cervus equinus

偶蹄目 鹿科

形态特征：体长 140—260cm，体重 100—300kg。雄鹿长着粗而长的三叉角，最长者可达 1m，毛色呈浅棕色或黑褐色，雌鹿略带红色。门齿活动，有獠牙，颈腹部有一块手掌大的倒生逆行毛，毛呈波浪形弯曲。体毛一般为暗栗棕色，臂部无白色斑，颌下、腹部、四肢内侧、尾巴底下为黄白色。

生活习性：性机警，善奔跑，喜群居，白天休息，晨昏活动，喜欢在水边觅食，夏天好在山溪中游泳。草食性，以草、果实、树叶和嫩芽为食。

保护级别：国家二级保护野生动物。

中华斑羚

Naemorhedus griseus

偶蹄目 牛科

形态特征：体长 88—118cm，尾长 11.5—20.0cm，体重 22—32kg。雄性体型明显大于雌性，雌雄都长有角，雄性的角长。被毛深褐色、淡黄色或灰色，表面覆盖少许黑色针毛，四肢色浅，与体色对比鲜明，喉部浅色斑的边缘为橙色，颏深色，腹部浅灰色，尾不长但有丛毛。

生活习性：结小群活动，常在密林间的陡峭崖坡出没。草食性，以草、灌木枝叶、野果等为食。

保护级别：国家二级保护野生动物。

中华鬣羚

liè

Capricornis milneedwardsii

偶蹄目 牛科

形态特征：体长 140—170cm，体重 85—140kg。身体毛色黑灰或红灰色，全身被毛稀疏而粗硬，通体略呈黑褐色，上下唇及耳内污白色。颈背部有长而蓬松的鬃毛，形成向背部延伸的粗毛脊。有显著的眶前腺，尾短被毛，角短向后弯。

生活习性：主栖息于针阔叶混交林、针叶林或多岩石的杂灌林中。通常冬天在森林活动，夏天转移到高海拔的峭壁区。单独或成小群生活，多在早晨和黄昏活动，行动敏捷，在乱石间奔跑很迅速。草食性，取食草、嫩枝和树叶，喜食菌类，到盐渍地舔食盐。

保护级别：国家二级保护野生动物。

赤腹松鼠

Callosciurus erythraeus

啮齿目 松鼠科

形态特征：体长17.5—24.0cm，体重280—420g，尾长14.6—20.5cm。背部、体侧面、四肢外侧和尾部呈橄榄褐色，尾端白色或黄褐色。腹部毛色因分布地区的不同而有差异，从南至北到安徽大别山一带，毛色由栗红逐渐变淡成为橙黄色，最后过渡到略带浅土黄的灰白色，眼周略黄，耳、颊、颏和吻灰色，前后足背面略带黑色。

生活习性：常栖息在热带和亚热带森林。树栖，也下地觅食，晨昏活动最为频繁。主要以果实和种子为食。

倭花鼠

Tamiops maritimus

啮齿目 松鼠科

形态特征：体长约15cm，体重约100g，尾长约10cm。背毛短，呈橄榄灰色；腹毛淡黄色，侧面的亮条纹短而窄，呈暗褐白色；中间的两条亮条纹模糊，侧面一对较清楚，但不像明纹花松鼠那样明显；眼下面的灰白色条纹不与背上其他亮条纹相连。该种区别于隐纹花松鼠的特征是，体型更小、毛被较短而绒细、体背部橄榄色调较浓，其内侧的淡色纹更接近于颈背部色调。

生活习性：树栖性，生活在常绿阔叶林或针阔混交林内，能在树间作长时间跳跃。主要以各种坚果和昆虫为食。

珀氏长吻松鼠

Dremomys pernyi

啮齿目 松鼠科

形态特征：体长18.5—22.0cm，体重约230g，尾长14—18cm。尾毛蓬松。前肢4 指，后肢5 趾。体一般为橄榄绿色，有的呈褐色。尾基部下面锈红色，其余为浅灰黄色。耳无毛簇。

生活习性：常栖息在亚热带森林。晨昏活动，警觉性高，叫声响亮。树栖，也下地活动，在树上营巢。主要以果实和昆虫为食。

红腿长吻松鼠

Dremomys pyrrhomerus

啮齿目 松鼠科

形态特征：体长19.4—21.5cm，体重240—295g，尾长13.8—15.2cm。股外侧、臀部至膝下具显著的锈红色。吻较长，似锥形。额顶、背毛及腿上部暗橄榄黑色，背中央色较深，体侧棕黄色。腹部淡黄白色。两颊及颈部橙棕色。耳后斑明显。尾背暗橄榄绿色，尾腹中线暗棕红色，尾基腹面及肛门周围带暗棕红色。

生活习性：常栖息在密林中。半树栖种类，在树洞或石隙中筑巢，喜晨昏活动，冬季活动较少。主要以各种坚果和昆虫为食。

海南小飞鼠 原名：低泡鼯鼠

Hylopetes phayrei

啮齿目 鼯鼠科

形态特征：体长12.3—17.3cm，体重50—95g，尾长11.6—16.0cm。体背面赤褐色，皮翼黑褐色，边缘白色。体侧面从腋到膝部呈肉桂色。颏、喉及上臂腹面毛纯白色。尾毛对分，近基部1/3 处最宽，毛色较体背略深，呈肉桂色。眼眶黑色。耳壳后侧面有白斑。

生活习性：常栖息在森林。利用枯木和高树在离地2—20m 的洞隙筑巢，夜间活动。主要以植物为食。

红背鼯鼠 原名：棕鼯鼠

Petaurista petaurista

啮齿目 鼯鼠科

形态特征：体长36—41cm，体重360—1000g，尾长33—42cm。头钝圆，吻短，眼大，耳小。吻鼻淡黑色，眼眶亦淡黑色，耳壳背部有1黑斑，颏亦有1小褐斑。体背面、皮翼和足上面均呈闪亮赤褐色到暗栗红色，鼠蹊部至尾基为灰褐色。后足趾端黑色或灰白色。

生活习性：常栖息在山地常绿阔叶林或针阔混交林中。在树洞活动或岩石洞中营巢，在树间以攀爬、滑翔相交替，昼伏夜出，警觉性高。主要以果实、树叶和昆虫为食。

福建绒鼠

Eothenomys colurnu

啮齿目 仓鼠科

形态特征：体长8.7—10.8cm，体重约33.5g，尾长3.0—4.2cm。体型小而肥壮，四肢、颈部较短，体形呈筒状。体背褐色，腹部毛基灰黑色。胸部有时略带浅棕色，足背面黑褐色。

生活习性：常栖息在长有农作物的丘陵地带。取食活动主要在夜间进行，无贮粮、冬眠习性。主要以植物为食。

东方田鼠

Alexandromys fortis

啮齿目 仓鼠科

形态特征：体长11—19cm，体重45.6—99.6g，尾长3.4—6.9cm。尾巴较长，尾毛较密，后足也较长，足掌基部有毛着生。背从赤褐色至暗褐色。腹部微白色，或浅棕黄色，毛基灰色。足背褐色，尾上面黑褐色，下面白色。

生活习性：常栖息在潮湿的沼泽地和草甸。穴居，无冬眠习性，昼夜都出洞活动。主要以植物绿色部分和种子为食。

巢鼠

Micromys minutus

啮齿目 鼠科

形态特征：体长4.7—8.8cm，体重5—20g，尾长4.0—9.9cm。尾有缠绕能力，尾端背面裸露。毛色变化很大。背毛从灰黄色、棕黄色、黄褐色、棕褐色到赤褐色，毛基深灰色。体侧近腹面多呈鲜棕黄色。耳一般为棕黄色。耳瓣毛簇淡白色。腹毛呈纯白色、污白色或土黄色，前后足背浅土黄色到棕黄色。尾上下两色，上面浅褐色到黑褐色，下面浅土黄色。

生活习性：常栖息在芦苇滩、田间、山地白茅、芒丛、草原、灌木丛和矮竹林等生境。善攀爬和游泳，常夜间活动。主要以植物的种子、根和绿色部分为食。

黑线姬鼠

Apodemus agrarius

啮齿目 鼠科

形态特征：体长7.2—13.2cm，体重21—28g，尾长5.7—10.9cm。背部黄褐色，通常有1显著黑色纵纹，故称为黑线姬鼠。腹部灰白色。尾两色，上面黑褐色，下面污白色。前后足均白色。耳具稀疏黑色和浅黄色细毛。

生活习性：常栖息在田野近水的耕作区，有些个体冬季迁入农村住房及工地临时棚屋内生活。一般在田间小埂或坟丘上挖洞穴居。主要以豆类、麦类和稻谷为食。

中华姬鼠

Apodemus draco

啮齿目 鼠科

形态特征：体长7.6—10.6cm，体重9.5—21.5g，尾长6.1—7.9cm。背部黄褐色，通常较为鲜明。耳色较暗，在耳基前部有黑色毛簇。腹部灰白色。胸部有时有浅黄色斑点。前后足白色。尾几乎裸露无毛，2色，上暗下白。

生活习性：常栖息在山林、高山草甸或岩石之间。穴居，在树根下、灌丛根部及农耕区田埂等处打洞营巢。昼夜活动，以夜间活动为主。有季节性迁徙习性。主要以嫩草和嫩叶为食。

黄毛鼠

Rattus losea

啮齿目 鼠科

形态特征： 体长12.3—17.0cm，体重50—115g，尾长12.7—17.5cm。背部黄褐色。腹部灰白色至土黄色，毛基灰色。足背面灰白色。尾上面暗褐色，下面较淡。

生活习性： 常栖息在耕作地区、稻田、甘蔗地、香蕉地、甜薯地、果园，以及荒地或住宅。挖洞穴居或营巢于树上。主要以谷物、蔬菜及其他植物种子为食。

大足鼠

Rattus nitidus

啮齿目 鼠科

形态特征：体长12.5—18.2cm，体重60—183g，尾长13—19cm。体粗壮，耳大而薄，向前拉能达到眼部。尾较细长，尾长平均略短于体长。背毛棕褐色，略带棕黄色，吻部周围毛色稍淡略显灰色，腹毛灰白色。

生活习性：常栖息在山麓灌木丛、菜园和稻田。洞穴多在荆棘灌丛和岩石缝隙中，常夜间活动，具有明显的季节性迁移和趋食性迁移特性。主要以种子为食。

褐家鼠

Rattus norvegicus

啮齿目 鼠科

形态特征：体长13.0—25.5cm，体重65—400g，尾长9.5—23.0cm。耳壳较短圆。尾短于体长，其上有明显的鳞环。体背棕褐色至灰褐色，腹面灰白色，前足背面白色。

生活习性：常栖息在住宅、粮仓、饲养场周围，以及田野、果园等各种生境。主要在夜间活动，从傍晚开始到午夜前最为频繁。主要以作物种子、瓜类和蔬菜为食，且喜食动物性食物。

黄胸鼠

Rattus tanezumi

啮齿目 鼠科

形态特征：体长13—19cm，体重60—180g，尾长14.0—19.5cm。尾鳞构成环状，鳞片基部生有浅灰色或褐色短毛。耳壳薄，几近裸露，向前折可盖住眼睛。背部棕褐色或黄褐色，毛基深灰色，毛尖棕黄色，腹面淡土黄色到褐黄色，喉和胸部呈棕黄色。

生活习性：常栖息在建筑物内的椽缝、间隙及墙壁顶端，以及檐沟柱梁交接处，营巢而居。夜行性，繁殖力强。杂食性，几乎取食人类的所有食物。

北社鼠

Niviventer confucianus

啮齿目 鼠科

形态特征：体长12.5—19.5cm，体重45—150g，尾长15—24cm。耳朵大而薄，向前折可达眼部。被毛棕褐色，有少量刺毛，背腹毛在体侧分界明显。尾毛两色，尾背部毛色与体毛相似，尾巴端部1/4—1/3和尾巴腹面毛色白色，尾端部毛长，类似毛笔状。

生活习性：常栖息在丘陵树林、竹林、茅草丛、灌木丛、山洞石隙中。善于攀爬，行动敏捷，多夜间活动，春夏多在树上构筑巢穴。主要以坚果、嫩叶为食。

拟刺毛鼠

Niviventer huang

啮齿目 鼠科

形态特征： 体长17.5—21.2cm，体重约105g，尾长19.4—25.0cm。具赤色密厚棘毛。背毛赤褐色或黄褐色，腹毛白色或淡黄白色，尾色上暗下白。体上刺毛有季节性脱落现象，故在一定时期内体毛柔软无刺。

生活习性： 常栖息在丘陵及低山地区的灌丛、山坡、林缘及农耕地。夜间活动。杂食性，主要以种子和果实为食。

青毛巨鼠 又名：青毛鼠

Berylmys bowersi

啮齿目 鼠科

形态特征：体长18—25cm，体重255—431g，尾长19.0—22.5cm。背部从头前部到尾基部为暗灰褐色，有的暗褐色毛尖白色，使毛衣呈灰白花斑。腹毛纯白色。尾上面呈黑色，下面较浅。足背面中间暗色，趾白色。

生活习性：夏秋季常栖息在深山密林中或山间溪流两岸岩石下，入冬后常栖息在山脚下。洞穴多在深山密林中或溪流两岸的岩石缝隙中。主要以淀粉类食物和竹笋为食。

白腹巨鼠

Leopoldamys edwardsi

啮齿目 鼠科

形态特征： 体长约25cm，体重约400g。尾较粗，其长度超过体长。耳大而薄，向前能遮住眼部。背毛棕褐色或略显淡棕色，腹毛纯白色。尾腹面为灰白色。前足背面灰白色，后足背面棕褐色。

生活习性： 常栖息在深山密林中或溪流两岸岩石缝隙中。多在晚间活动，善攀登，有冬眠习性，主要以植物的茎、叶为食。

卡氏小鼠

Mus caroli

啮齿目 鼠科

形态特征：体长6.0—8.7cm，体重约20g，尾长7.0—8.8cm。背毛淡棕褐色，毛基灰色，毛尖棕色。腹部、颈腹部和前肢均为纯白色，其他部分毛基灰色、毛尖白色。尾上面灰棕色，下面淡黄色。足背面白色。

生活习性：常栖息在田野、旱地和灌丛。穴居，多在晚间活动。主要以植物种子为食。

小家鼠

Mus musculus

啮齿目 鼠科

形态特征：体长5—10cm，体重7—20g，尾长3.6—8.7cm。毛色变化较大。背毛从黑灰色到灰褐色。腹面从灰黄色到白色。足暗褐色或白色。尾上下近乎一色。体侧背腹毛色界线不甚分明。

生活习性：常栖息在人类建筑物、荒地、山野和田间。主要在夜间活动，尤以上半夜为频繁，白天在无人的情况下也出来觅食。主要以植物性食物为食，喜食面粉或面制食品。

板齿鼠

Bandicota indica

啮齿目 鼠科

形态特征：体长23.1—30.5cm，体重600—1000g，尾长17.6—24.0cm。爪直强，用以掘土。背毛黑褐色或黄褐色。腹毛较背毛淡，呈褐色并略带白色或灰青色，毛基灰褐色，毛尖棕黄色。尾上下黑褐色。足暗褐色。

生活习性：常栖息在潮湿近水而较高的地方。穴居，昼伏夜出，警惕性高，善游泳，有暂时性的迁移现象。主要以植物性食物为食。

武夷山猪尾鼠

Typhlomys cinereus

啮齿目 刺山鼠科

形态特征： 体长6.7—10.2cm，体重11—32g，尾长8.9—13.5cm。外形和大小像小家鼠，但尾很长。体毛厚，呈绒状。头顶、背面及四肢背面均为灰褐色。腹面从下颏至肛门为浅灰色。单毛基部为黑灰色。尾前段被毛疏稀，表面覆鳞片，尾毛暗褐色，尾末端具长的毛笔状簇毛，簇毛毛尖白色。

生活习性： 常栖息在被竹林包围的高山地森林中。善挖洞，昼伏夜出，夜间可用回声定位辅助活动。主要以植物的叶、茎、果和种子为食。

银星竹鼠

Rhizomys pruinosus

啮齿目 鼹型鼠科

形态特征：体长22—33cm，体重约600g，尾长6—10cm。吻钝、腿短、眼极小，耳隐于毛内。四肢短而粗，并有较强的爪。尾几乎完全裸露，仅基部一段被有稀疏的短毛。体背和体侧灰褐色，有白色针毛伸出，尤似银星。

生活习性：常栖息在竹林附近。营洞穴生活，白天躲藏在洞中休息，黄昏或夜间才出来活动。主要以竹子、草根、草秆、甘蔗、玉米等植物为食。

中华竹鼠

Rhizomys sinensis

啮齿目 鼹型鼠科

形态特征： 体长21—38cm，体重492.1—818.2g，尾长5.0—9.5cm。体肥肢短，头圆而大。颈短、眼小。门齿发达。耳壳圆短，为毛所遮盖。尾短小，裸露无毛。体毛密厚柔软，毛基灰色，毛尖发亮，呈淡灰褐色、粉红褐色或粉红灰色。腹部毛色一般较背部淡。前后足爪坚硬。

生活习性： 常栖息在山区竹林地带。营掘土生活，穴居，昼夜活动，一年四季皆能繁殖。主要以竹根、地下茎和竹笋为食。

中国豪猪

Hystrix hodgsoni

啮齿目 豪猪科

形态特征：体长50—75cm，体重10—18kg，尾长8—11cm。体粗大，鼻骨宽长，体侧和胸部有扁平的棘刺，尾短。全身棕褐色，耳裸出，具少量白色短毛，额部到颈部中央有一条白色纵纹。

生活习性：常栖息在森林和开阔田野。白天躲在洞内睡觉，晚间出来觅食。行动缓慢，在冬季有群居的习性。主要以花生、番薯等农作物为食，特别喜欢吃盐。

华南兔

Lepus sinensis

兔形目 兔科

形态特征： 体长35—47cm，体重1.2—2.0kg。毛皮短直，时有针毛。背头淡棕色、暗棕色或浅灰黄色，经常伴有栗色或赤褐色。尾同背一样黄褐色。腹米黄色，同背面无明显反差。耳尖有黑色三角形斑，有眼周环纹。冬毛浅黄色，混有黑色毛尖。

生活习性： 主要栖息在山麓的浅草坡和灌丛地带及农田附近。夜间活动，白天有时也可见到。以麦苗、豆苗、蔬菜、树苗及草本植物为食。

灰鲸

Eschrichtius robustus

鲸目 灰鲸科

形态特征：雄性体长约14.6m，雌性约15m，体重20—37t。体短粗呈纺锤形，背面呈三角状，上轮廓线侧观为弓形。胸部有2—4 条纵沟，腹部平滑无褶沟。无背鳍，但紧接在低矮的背隆起之后，沿着尾柄脊有6—12 个小的峰状突。尾柄上具隆起。鳍肢较小，边缘弧形，末端尖。尾鳍较宽，超过3m。上颌每侧有140—180 枚须板。体色为暗灰色或黑灰色，腹部稍淡，体上有不规则的白色光泽性斑点。

生活习性：分布于北太平洋，常2—3 头一起栖游，潜水时尾鳍露出水面以上。每年进行有规律的南北洄游。食物为浮游甲壳类动物和小型鱼群。

保护级别：国家一级保护野生动物。

小须鲸

Balaenoptera acutorostrata

鲸目 须鲸科

形态特征：雄性体长约9.2m，雌性约10.7m，体重约4.8t。头极窄而尖，仅1 条峭。吻窄而尖，三角形。体为细长的流线型。具50—70 条褶沟，终止于脐之前、鳍肢之后，以腹部中央最长，两侧渐浅短。背鳍高，镰刀形，位于体后1/3 处。鳍肢细，末端尖，中部有1 白色横带。尾鳍宽，后缘平滑，凹形，具缺刻。背面黑色或黑灰色，腹面和鳍肢的上面白色。鲸须的前面为黄白色，后面则为灰色或黑褐色。尾鳍下面的有些部位为蓝铁灰色。

生活习性：广布于北冰洋、北太平洋、北大西洋及南极水域，在热带海域较少，喜活动于近岸和内湾，通常单独或2—3 头游泳，在索饵场有时形成大群。在北太平洋以虾和鱼为食，在黄海北部主要以小型鱼、磷虾等为食。

保护级别：国家一级保护野生动物。

塞鲸 又名：鰛鲸

wēn

Balaenoptera borealis

鲸目 须鲸科

形态特征：雄性体长约17.7m，雌性约21m，体重约25t。体细长呈流线型，头不甚尖，头长约为体长的1/4。喷气孔位于头的最高处。背鳍高大，三角形，并向后倾，位于体后1/3处。鳍肢相对较小，末端尖。尾鳍较小，后缘近直线形，中央有缺刻。褶沟32—60条，向后延伸至鳍肢和脐的中间部位。背面、体侧及腹面的后部为深灰色，具浅灰色或近乎白色的卵形疤痕，腹前部为白色或灰色。

生活习性：栖息在北太平洋、北大西洋和南极的温水水域，多单独或成对活动，呼吸时发出强大声响。食性广，主食甲壳类中的鳞虾、桡足类，也摄食鲱鱼等小型结群性鱼类及头足类等。

保护级别：国家一级保护野生动物。

布氏鲸 又名：鳀鲸

Balaenoptera edeni

鲸目 须鲸科

形态特征：体长13.0—15.5m，体重约26t。身体细长，呈流线型，体前部较粗，头长而宽。头从喷水孔至吻部通常具3 列平行的脊，中央的主脊线延伸到吻端。鲸须板灰褐色，具粗的深色须，须毛浅灰色。体背部黑灰色或蓝灰色，腹白色或淡黄色。背鳍尖，呈镰刀形，位于尾鳍缺刻前体长1/3 处高达46cm。鳍肢长，方形，末端尖。尾鳍宽阔，外缘直，具浅的中央缺刻。褶沟45 条，后达于或越过脐。

生活习性：分布于南北纬40° 之间的温暖海域，常集2—5 头小群，潜水时间短。杂食性，以鲳鱼、鲱鱼等鱼类及浮游性甲壳类、磷虾为食。

保护级别：国家一级保护野生动物。

大村鲸

Balaenoptera omurai

鲸目 须鲸科

形态特征：体长9—12m，体重约20t。体呈流线型；头部前端较尖，其背面中央隆起，有1条明显的纵脊从呼吸孔伸达吻端，口裂大，后端伸达喷气孔的中线。背鳍高，后缘稍凹陷，呈镰刀形，位于体后端1/3处。腹部褶沟80—90条，细长，延伸到脐后。鳍肢和尾叶的背面蓝黑色，腹面中央灰白色，体背部蓝黑色，体侧面灰蓝色，腹部白色，并略带浅蓝灰色。

生活习性：主要栖息在太平洋、印度洋沿岸和近海水域，多单独或成对活动。杂食性，以鱼类及浮游性甲壳类、磷虾为食。

保护级别：国家一级保护野生动物。

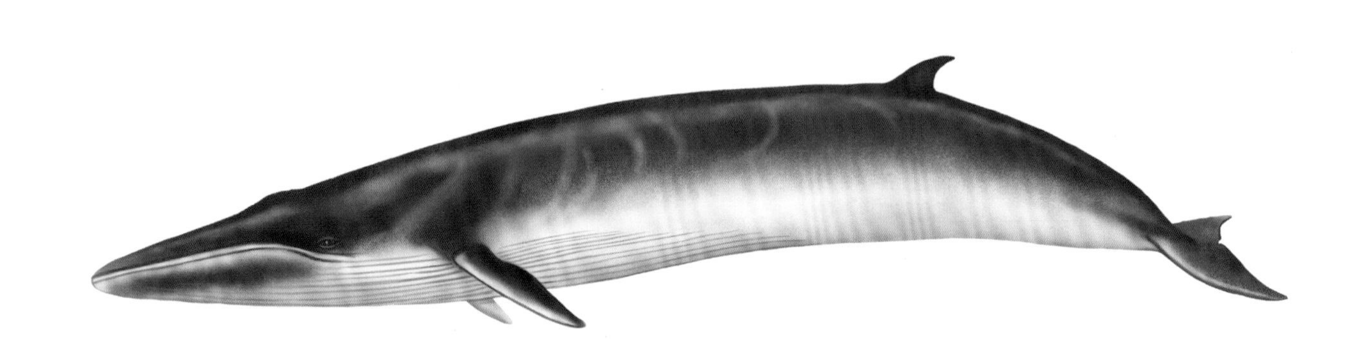

长须鲸

Balaenoptera physalus

鲸目 须鲸科

形态特征：体长约24m，体重达50t。眼小，眼位于口角上方呈椭圆形。口较大，由吻端至口角约为体长的1/5。下颌大，超出上颌20—30cm。背鳍到尾鳍部具明显的脊。背鳍镰刀状，位于体后1/3 处。鳍肢小而尖，尾鳍后缘直，有中央缺刻，鳍肢和尾鳍的上方为黑色，下方为白色。背部黑色或棕灰色，腹部白色，头部后方背中有“V”形浅灰色带。本种最大特征为头部颜色左右不对称，左侧下颌为黑色，右侧下颌、下唇、腭部为白色。腹面褶沟50—108 条，后达于脐。左须板为白色，右侧须板前为黄白色，其余深蓝灰色。每侧须板260—480 枚。

生活习性：各大洋均有分布，以南极海域最常见，多成群游动，潜水时先露出头部，渐次背部，不露尾鳍。以鲱、鳕、秋刀鱼等小鱼和浮游性甲壳类为食。

保护级别：国家一级保护野生动物。

大翅鲸

Megaptera novaeangliae

鲸目 须鲸科

形态特征：雄性体长约12.9m，雌性约13.7m，体重25—35t。体粗短，头长占体长的1/3。下颌较上颌长而宽大。呼吸孔至吻端中央线形成隆脊，其上靠前有5—8 个圆形皮质瘤，上颌两侧各有2 行约20 个半球形皮质瘤，下颌前端和两侧亦有皮质瘤，每个皮质瘤上着生1—2 根灰色角毛。背鳍小，位于体后部1/3 处。鳍肢非常大，约为体长的1/3，为鲸类中最大者，其前缘具有不规则的皮质瘤，前缘形如锯齿状。尾鳍较宽，中央凹进，有缺刻，后缘具锯齿状，背面黑色，下面白色。腹面褶沟较少，14—35 条，由下颌延伸达脐部。背部黑色，并有斑纹，喉、胸和腹部白色或具白斑点黑色。鳍肢上方白色部分多于黑色部分，下方白色。

生活习性：栖息于各大洋沿岸附近海域，结小群，游泳速度较慢。深潜水时露出巨大的尾鳍。主食小虾和群游性小型鱼类，也食头足类。

保护级别：国家一级保护野生动物。

中华白海豚

Sousa chinensis

鲸目 海豚科

形态特征：体长约2.8m，体重约280kg。背鳍、鳍肢和尾鳍棕灰色。背鳍不高，呈三角形或镰刀形，位于背中央，成年个体背脊隆起或不隆起。身体粗壮，具有平斜的额部和细长的喙。喙长，口线直。喙、额间有“V”形沟。头似瓶鼻海豚，但额部隆起较小，喙明显较长。眼小呈椭圆形，眼眶黑色。体色变异大，基本为灰色，身体腹面白色。老年个体全身乳白色；成年个体全身呈粉红色或背部、腹部和尾部出现粉红色；幼体及未成年个体背部呈灰蓝色，体侧较淡，腹部灰白色。

生活习性：栖息于水较浅的水域，不成大群，一般单独或雌雄、母仔一起活动。食物主要为鱼类，也吃虾、乌贼等。

保护级别：国家一级保护野生动物。

糙齿海豚

Steno bredanensis

鲸目 海豚科

形态特征：体长2.2—2.7m，体重约100kg。体呈纺锤形，背鳍处最粗。头前部额不隆起，由吻向额部徐徐升起，致吻突与额之间无明显界线，这是本种外形的重要特征。喙甚狭长，左右侧扁长宽比为3∶1，喙长占头骨长的2/3。上、下颌每侧具齿20—27 枚，齿大，齿冠有纵行的皱状细皱纹。背鳍较高，呈三角形，后缘呈镰刀状凹入。鳍肢长为体长的1/7，尾鳍宽约为体长的1/4。身体大部为炭灰色或黑色，腹面为淡灰色，有不规则白斑。

生活习性：分布于热带和亚执带海域，喜在表层水温25℃以上海域栖息，常10—20 头集群活动。食物主要以鱼类为食，也食头足类。

保护级别：国家二级保护野生动物。

热带点斑原海豚 又名：热带斑海豚

Stenella attenuata

鲸目 海豚科

形态特征：体长约2m，体呈流线型，喙长适中。背鳍三角形，镰状，位于体中部；鳍肢狭长，三角形，末端尖；尾鳍宽为体长的1/5，缺刻浅。背黑腹白，由背向腹体色渐淡，体侧呈灰色，除头部外界线不清。喙黑、下颌略淡，喉灰色、眼周有黑色环，左右眼环向前沿喙额交接处延伸相接成黑色带纹，鳍肢前缘至口角有一暗带。背鳍、尾鳍黑色。鳍肢上面黑色，下面灰色，由基部向端部渐深，尖端黑色，全身有许多不规则的小斑点，背部为灰色斑、腹面为黑色斑。

生活习性：栖息在表层水温22℃以上的暖水域，多集群活动。食物主要为鱼类、乌贼和甲壳类动物。

保护级别：国家二级保护野生动物。

条纹原海豚 又名：条纹海豚

Stenella coeruleoalba

鲸目 海豚科

形态特征：体长约2.7m，体重约100kg。身体细而流线型。黑色条纹从眼穿过体侧到达肛门。“V”形肩斑显著而界线分明，从眼区后转而向上扩展。体色独特，背面浅灰色到深灰色或蓝灰色，体侧浅灰色，腹面白色。背鳍中等大小，镰刀形，位于体中央。鳍肢末端尖，向后屈。尾鳍后缘略凹，中央缺刻浅，末端尖。尾柄具很强的脊。

生活习性：分布于温带和热带海域，多成数十头至数百头的集群活动。游泳速度快，游泳中常跃出水面，喜跟随船只。以群游性鱼类为食，主要为中上层鱼类和乌贼等。

保护级别：国家二级保护野生动物。

飞旋原海豚 又名：长吻飞旋海豚

Stenella longirostris

鲸目 海豚科

形态特征：体长约2.2m，体呈流线型，喙较长，可达头骨的2/3 以上。背鳍三角形，较小，向后屈。背部炭灰色，腹部白色或灰色，全身有许多细小的斑点。由于体色的深浅，自背鳍后部至前额形成一条下垂的弧线。体侧灰色向下渐淡。喙的上部、唇及下颌前端为黑色。眼沿额喙交界处有一黑带，眼至鳍肢基部有一黑带。背鳍、鳍肢及尾鳍深炭灰色。上下颌每侧有齿46—65 枚。

生活习性：分布在热带和亚热带海域，喜与金枪鱼群混游。主要以中上层鱼类和乌贼为食。

保护级别：国家二级保护野生动物。

真海豚

Delphinus delphis

鲸目 海豚科

形态特征：体长2.0—2.5m，体重约75kg。身体细而流线型。体色独特，通常“十”字交叉型，黄褐色在前灰色在后，背面黑色向下延伸，在背鳍下面形成“V”形区域。具白色胸斑。喙细长，额部隆起。背鳍大，位于体中央，形状从三角形至镰刀形。鳍肢呈镰状，中等大小，末端尖。尾鳍宽大，后缘具明显的中央缺刻。

生活习性：分布于温带和热带水域，多成数十头至数百头的大群，活动敏捷，游泳中常跳出水面。以头足类和群游性鱼类为食。

保护级别：国家二级保护野生动物。

印太瓶鼻海豚

Tursiops aduncus

鲸目 海豚科

形态特征：体长2.3—2.7m，体重约100kg。喙短而结实，喙与额隆间有1条明显的凹痕。下颌略突出至上颌之前。眼位于口角后上方。新月形的呼吸孔位于头背后部中央。鳍肢梢端尖，后缘近基部处后凸。背鳍高，镰刀形，位于体背中部。尾叶后缘弯曲，中央有1个缺刻。体背灰黑色，体侧色淡，在背鳍下方通常有明显的浅灰色条纹。腹面白色，成年体在体侧下部及腹面两侧有暗色纵长形斑点，或体腹面遍布暗色斑点。

生活习性：分布于热带与温带海域，喜欢结群，一般为数十只，有时同伪虎鲸群混游。以硬骨鱼和较小的头足类动物为食。

保护级别：国家二级保护野生动物。

瓶鼻海豚

Tursiops truncatus

鲸目 海豚科

形态特征：体长约2.9m，最大可达3.9m。具粗短的喙，喙与头之间有一折痕。体色背部为深灰色，腹面浅灰。背鳍中等高度，镰刀形，基部宽，位于身体中央。鳍肢中等长度，末端尖。尾鳍后缘凹形，具深的中央缺刻。

生活习性：广布于温带和热带海域，常出现在近岸区域，集群活动，一般小于20头。性活泼，常跃出水面1—2m高。主要以群栖性鱼类为食。

保护级别：国家二级保护野生动物。

里氏海豚 又名：瑞氏海豚

Grampus griseus

鲸目 海豚科

形态特征：体长约4m，体重约500kg。前额钝，具“V”形沟纹，无喙。成年体布满卵形疤痕和擦痕。身体背鳍之前粗壮，背鳍后较细。体色为浅灰色或褐色，先变得几乎全黑色，后随着年龄增长而变浅。背鳍高而呈镰刀形，位于体中央。鳍肢长而尖，尾鳍宽，中央缺刻深。

生活习性：广布于温带和热带海域，通常集十头至几十头小群，也有数百头的大群，有时同其他种海豚混群，具远洋习性。主要以头足类和甲壳类为食，最喜食乌贼，也食鱼类。

保护级别：国家二级保护野生动物。

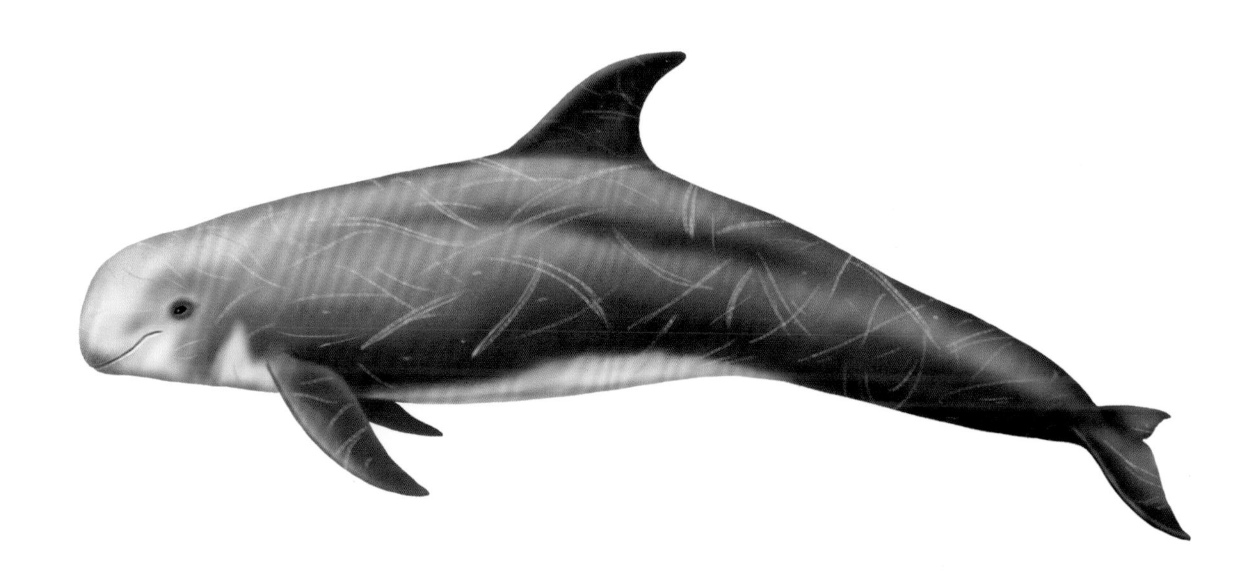

太平洋斑纹海豚

Lagenorhynchus obliquidens

鲸目 海豚科

形态特征：体长约2.3m。体型粗壮，吻突短，与额部界线分明。背鳍高，前缘色深色后缘色浅，向后钩曲。尾鳍后缘略凹，中央缺刻较小，末端尖。沿体侧的上部具白色或浅灰色的背带。鳍肢上面有一浅区向前伸延至下颌。体背黑色或黑灰色，腹部白色，体侧位于背鳍下方为黑灰色，前后均为灰白色，后部灰白色向背鳍前方延伸，从口角经鳍基沿体侧下缘有1 条黑色带，鳍肢、尾鳍、喙、唇和眼为黑色。

生活习性：栖息在北太平洋，喜集群活动，多成数十头至数百头的大群，摄食时分成小群，休息或移动时又汇集成大群。主要以中上层小型集群性鱼类和乌贼为食。

保护级别：国家二级保护野生动物。

伪虎鲸

Pseudorca crassidens

鲸目 海豚科

形态特征：体长约6m，体重约1.4t。体细长，通体黑色，腹面稍淡，在鳍肢之间有灰色区。鳍肢窄，其前缘中部具一隆起。背鳍高，镰刀形，位于体中央稍前方；尾鳍大，后缘凹，具中央缺刻，鳍板末端尖；头小，向吻端缓慢变细。额圆而突出，无喙。口大，口裂朝眼方切入，末端几达眼下方。下颌短于上颌。雄性略大于雌性。

生活习性：主要栖息在暖温带和热带海域，通常结成十头至数十头的群，也有数百头的大群，游泳中常全身跃出水面，具远洋习性。食物主要为乌贼和鱼类，也攻击小型鲸类。

保护级别：国家二级保护野生动物。

小虎鲸

Feresa attenuata

鲸目 海豚科

形态特征：体长约2.6m，体重约200kg。体前半部粗圆后半部纤细，肛门以后甚侧扁。头圆无吻突，上颌比下颌突出。背鳍三角形，上端尖，后缘稍凹入，位于体背中部。鳍肢较长，前缘弯曲，后缘微凹，末端钝。背部与体侧皆为黑色，但在生殖裂附近的侧腹处有白色斑块。暗色被肩部位为明显特征，还有白色下巴。位于身体腹面的白色区域自下颚往后延伸至肛门处，在全黑的胸鳍之间变得狭窄，到了肚脐后方产生分歧，尾鳍腹面亦为白色。

生活习性：栖息在热带和亚热带外洋，也进入温带近岸海域，喜群居，有跃身击浪、浮窥等行为，或是以尾鳍或胸鳍拍击水面。食物主要为鱼类和鳍脚类动物，也攻击其他鲸豚类。

保护级别：国家二级保护野生动物。

瓜头鲸

Peponocephala electra

鲸目 海豚科

形态特征： 体长2.2—2.8m，体重160—275kg。体形似伪虎鲸，无吻突，从吻端起，头部膨大。全身灰黑色，腹面略淡，喉部有白斑，由脐向后延伸至肛门色淡。上下唇白色。

生活习性： 栖息在热带和亚热带，常接近沿岸海域，成数十头的群体活动。食物主要为远洋的鱼类、乌贼和甲壳类动物。

保护级别： 国家二级保护野生动物。

短肢领航鲸

Globicephala macrorhynchus

鲸目 海豚科

形态特征：体长3.5—6.5m，体重1—4t。前额圆，上颌额部膨隆，向前突出，吻部特别短，没有明显的吻突。从侧面看，头与躯干部界限极不明显，头显得很大。背鳍高而宽大，位于体前部约体长1/3处，前缘缓慢向后斜伸，后缘急弯凹入。体黑色或黑褐色，背鳍后有灰白色斑，腹侧喉部至胸部间有似“十”字形灰白斑。

生活习性：主要分布于热带和暖温带海域，通常结成数十头的群或数百头的大群体。会以鲸尾击浪及浮窥。食物主要为头足类动物和鱼类。

保护级别：国家二级保护野生动物。

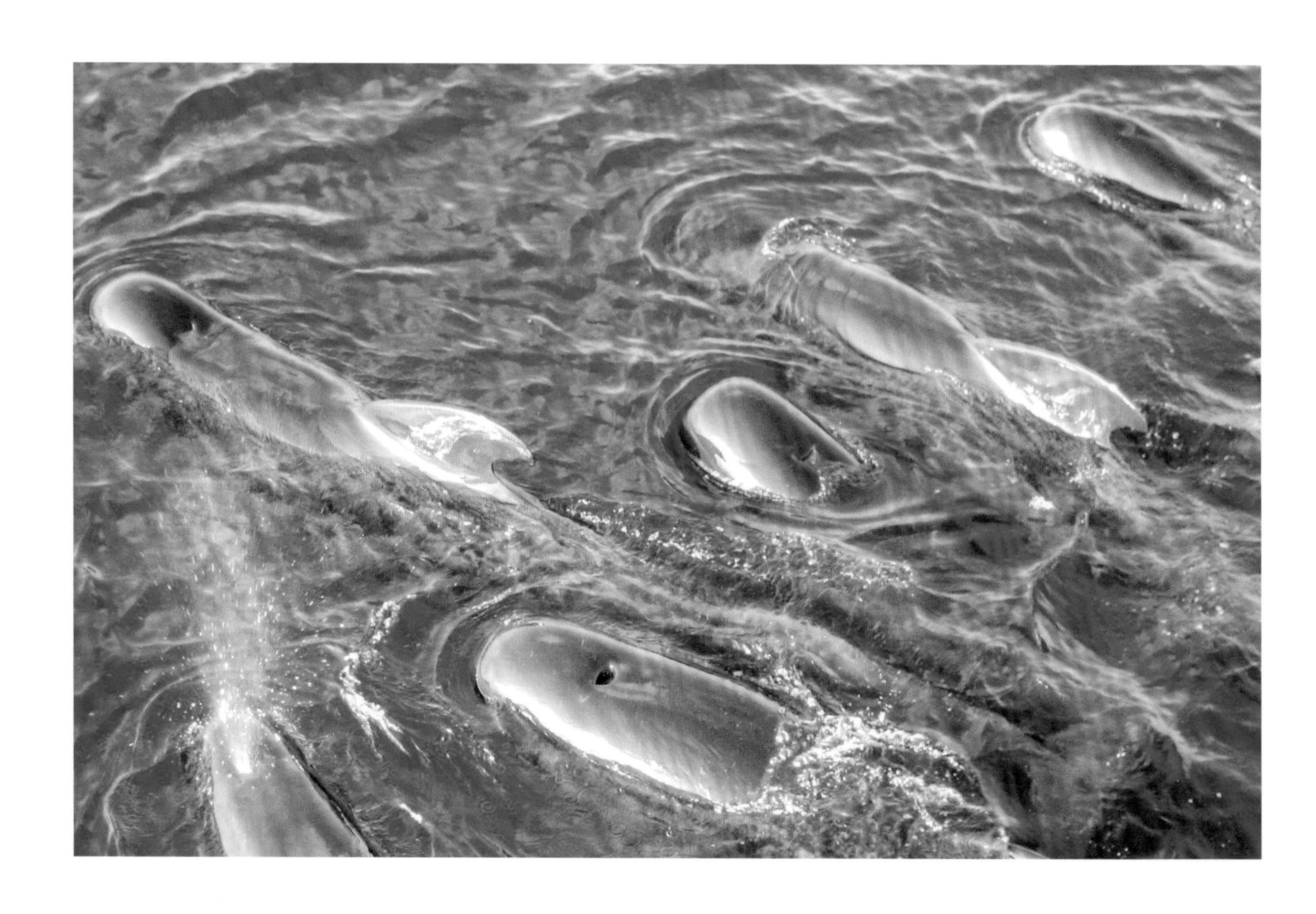

东亚江豚

Neophocaena sunameri

鲸目 鼠海豚科

形态特征：体长1.5—1.9m，体重约50kg。头部较短，近似圆形，额部稍微向前凸出，吻部短而阔，上下颌几乎一样长。牙齿短小，下颌在上下颌两侧各包含15—21个侧扁铲形牙齿。没有背鳍，具有中线并有很多角质鳞。由于缺乏背鳍和圆形无喙头，具有独特的鳗鱼形状。体上部灰白色，背面和侧面呈蓝色，腹部较苍白，有一些形状不规则的灰色斑。

生活习性：主要分布在黄海、渤海，也出现在东海海域，喜在近岸区域活动。食物主要以鱼类为主，也吃虾类和头足类动物。

保护级别：国家二级保护野生动物。

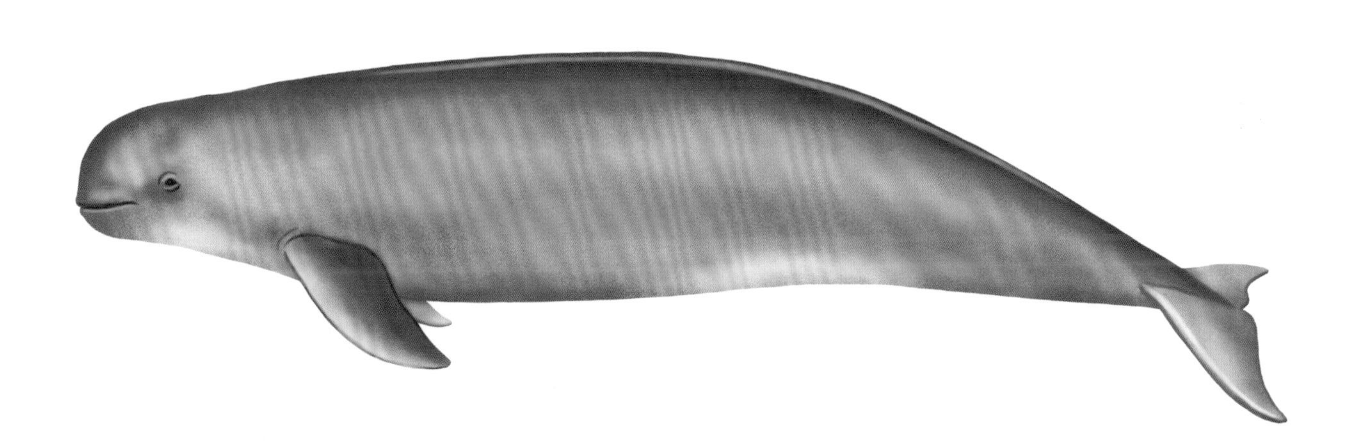

印太江豚

Neophocaena phocaenoid

鲸目 鼠海豚科

形态特征：体长1.4—1.9m，体重约40kg。头圆，无喙突，体呈纺缍形。无背鳍，仅在背鳍相应处有3—4cm的皮肤隆起。鳍肢较宽大，成三角形，末端尖。尾鳍宽阔，为体长的1/4，后缘凹入，呈新月形。体色灰黑，腹部较浅。

生活习性：主要分布于南海，为热带及温带近岸型豚类，多在近岸区域活动。可在咸、淡水交汇的水域，海水、淡水中生活。多单独或2—3头一起游泳。食性很广，主要以鱼类为主，也吃虾类和头足类动物。

保护级别：国家二级保护野生动物。

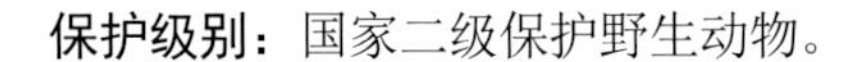

抹香鲸

Physeter macrocephalus

鲸目 抹香鲸科

形态特征：雄性体长约18m，雌性约13m，体重20—25t。头部甚大，前额部隆起呈方形，其前缘突出于下颌部，约占体长的1/3；下颌小而狭长，前端尖；呼吸孔位于头部左前端；背鳍为一侧扁的隆起，其后至尾鳍基部有一列小突起；鳍肢较小，略呈椭圆形；尾柄下部突出形似“龙骨”，尾鳍宽大。背部蓝灰色或黑褐色，两侧稍淡，腹部近银灰色且有白斑，口角白色。

生活习性：多栖息于热带及温带的暖水水域，常一雄多雌及幼鲸一起活动，有10—50 头。潜水时间可达1 小时，潜水时尾鳍露出水面。食物主要是大型头足类动物和鱼类。

保护级别：国家一级保护野生动物。

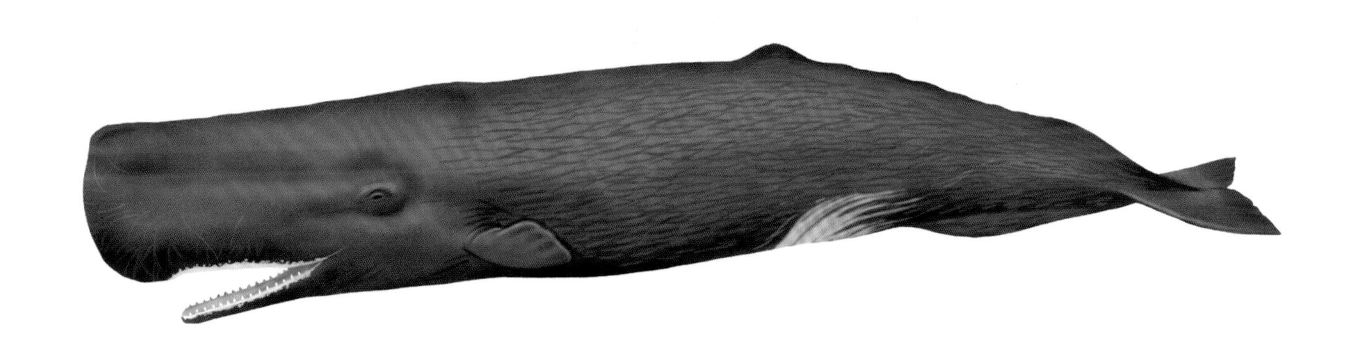

小抹香鲸

Kogia breviceps

鲸目 抹香鲸科

形态特征：体长约3.4m，体重约500kg。外形似抹香鲸，但头较小，约为全长的1/6。吻部前突，呈四角形。下颌短，前端不达上颌吻部。背鳍低，镰刀形，位于身体中部稍后。鳍肢末端尖。背部黑灰色或蓝灰色，腹部灰色或灰白色。耳孔与鳍肢间有鳃裂般的白色带纹。

生活习性：栖息于温带和热带海域，常单独或成对活动，动作迟缓，喷气不明显。食物主要是乌贼、章鱼、蟹类和鱼类。

保护级别：国家二级保护野生动物。

侏抹香鲸

Kogia sima

鲸目 抹香鲸科

形态特征：体长2.1—2.7m，体重136—276kg。吻部前突，头呈方形，下颌甚短，前端不达上颌吻部。背鳍近镰刀形，顶端尖，后缘凹入，较小抹香鲸的高，位于体背中部。耳孔与鳍肢间有鳃裂般的白色条纹；背部颜色从蓝灰色、深灰色和黑褐色到完全黑色，腹面为白色或浅灰色，也可能出现粉红色或紫色斑点。

生活习性：栖息在热带和温带海域，性胆小，常10 只以下的小群栖游在近岸海域。喷气口的喷气低矮且不明显。主食头足类动物，也食甲壳类和鱼类。

保护级别：国家二级保护野生动物。

柏氏中喙鲸

Mesoplodon densirostris

鲸目 喙鲸科

形态特征：体长约4.5m，体重约0.8t。体呈纺锤形，左右侧扁。喙前伸极为细长，下颌略前突于上颌，下颌有一个特殊的骨质大隆起，前上端着生一对大齿，但雌性不太显著，下颌喉部有向后张开呈“八”字形纵沟。背鳍高，三角形，顶端稍钝而后屈，约为体长1/5。鳍肢狭而尖，约为体长的1/10，尾鳍后缘中央分叉点的缺刻不明显，全身黑色，腹面稍淡。

生活习性：栖息在热带和亚热带海域。单个或成对活动，有记录到3—7 头小群活动。主食头足类动物和鱼类。

保护级别：国家二级保护野生动物。

银杏齿中喙鲸

Mesoplodon ginkgodens

鲸目 喙鲸科

形态特征：雄性体长约5.9m，雌性约4.9m，体重约1.5t。体呈纺锤形，左右侧扁，喙较狭长，前端尖突，下颌略长于上颌，下颌有一对齿，扁而大，下颌从齿后到口角末端具皮质隆起。眼较小，位于口角后上方。背鳍较小，呈镰刀状，上端向后弯曲，位于体后1/3处。鳍肢小，约为体长的1/10。喉部有2条呈“八”字形纵沟。尾鳍宽大，约为体长的1/3，尾鳍后缘中央无缺刻。体背呈蓝黑色，腹面色较浅，体下侧及腹面均具不规则的灰白色斑点，背鳍及胸鳍、尾鳍的上面颜色同体背相同，下面颜色较浅。

生活习性：多栖息于太平洋和印度洋温带到热带的暖水水域。食物主要以鱿鱼与鱼类为主。

保护级别：国家二级保护野生动物。

中文名索引

拉丁学名索引

参考文献

洪震藩 . 1986. 武夷山自然保护区的鼠形动物 (兔形目 , 啮齿目 , 食虫目)[J]. 武夷科学 (1), 9.

蒋志刚, 刘少英, 吴毅, 等 . 2017. 中国哺乳动物多样性 [J]. 2 版 . 生物多样性, 25(8) : 886-895.

蒋志刚 . 2015. 中国哺乳动物多样性及地理分布 [M]. 北京:科学出版社 .

梁晓玲, 李彦男, 谢慧娴, 等 . 2021. 中国产托京褐扁颅蝠分类地位的探讨 [J]. 野生动物学报, 42(4), 11.

福建省科学技术厅 . 2012. 中国·福建武夷山生物多样性研究信息平台 [M]. 北京:科学出版社 .

刘少英, 吴毅, 李晟 . 2019. 中国兽类图鉴 [M].2 版 . 福州:海峡书局 .

潘清华, 王应祥, 岩崑 . 2007. 中国哺乳动物彩色图鉴 [M]. 北京:中国林业出版社 .

盛和林, 大泰司, 纪之, 等 . 1998. 中国野生哺乳动物 [M]. 北京 : 中国林业出版社 .

盛和林, 等 . 1992. 中国鹿类动物 [M]. 上海 : 华东师范大学出版社 .

史密斯, 解焱 . 2009. 中国兽类野外手册 [M]. 长沙 : 湖南教育出版社 .

汪松 . 1998. 中国濒危动物红皮书 兽类 [M]. 北京 : 科学出版社 .

王丕烈 . 2012. 中国鲸类 [M]. 北京:化学工业出版社 .

王应祥 . 2003. 中国哺乳动物种和亚种分类名录与分布大全 [M]. 北京:中国林业出版社 .

魏辅文, 杨奇森, 吴毅 , 等 . 2021. 中国兽类名录 (2021 版)[J]. 兽类学报, 41(5), 15.

夏武平, 等 . 1988. 中国动物图谱 兽类 [M]. 北京 : 科学出版社 .

谢慧娴, 李彦男, 梁晓玲, 等 . 2021. 环颈蝠 (*thainycteris aureocollaris*) 在中国分布的再发现 [J]. 兽类学报 .2021, 41(4):476-482.

杨奇森, 岩崑 . 2007. 中国兽类彩色图谱 [M]. 北京 : 科学出版社 .

中国野生动物保护协会 . 2005. 中国哺乳动物图鉴 [M]. 郑州 : 河南科学技术出版社 .